수정판

조경설계 수목도감

차욱진 | 남정칠 | 차민성

문운당

머리말

조경의 주(主)재료는 나무이다. 나무는 생명이 있는 재료이기에 가장 먼저 해야 할 일은 나무의 이름을 알아야 한다. 나무이름을 알기 위해서는 잎, 꽃, 열매, 수피, 수형 등 나무의 특징을 파악해야 한다. 그리고 나무를 심기 위해서는 나무의 생태적 특성 및 그 나무가 식재되는 장소의 특성에 적합한 나무를 선정하여 심어야 죽지 않고 오래 살 수 있다.

그동안 나무는 땅에 심는 것이 원칙이었다. 그런데 이제 나무는 땅에만 심는 것이 아니라 건물의 옥상, 지하주차장 위 등 다양한 인공구조물 위에 심어지고 있다. 이것은 나무가 우리생활에서 필수재의 역할을 하고 있다는 방증(傍證)일 것이다.

나무는 우리의 생활에 필수적인 요소로서 사람들의 높은 관심분야가 되었기에, 도서관과 서점에는 나무에 관련된 다양한 수목도감이 지천을 이루고 있다. 여기의 수많은 수목도감들은 나무의 이름을 알기 위한 도감이 대다수이다.

그런데 조경식재는 나무의 이름만 알면 되는 것이 아니라, 나무의 생태적, 형태적, 설계적 특성 등을 파악하여 나무를 심어야 하는데도 불구하고 이러한 내용이 수록된 도감은 전무한 실정이다.

질문을 던져본다.

첫째, 우리나라에 자생하는 모든 나무가 조경수목인가?

우리나라에 자생하는 식물은 목본류가 약 1,000여종, 초본류가 23,600여종에 이르는데, 이 모든 나무가 조경수목이 될 수 있을까? 답은 모든 나무가 조경수목이 될 수 도 있고, 아닐 수도 있다는 모호한 답을 낼 수밖에 없다. 그렇다면 조경수목의 기준을 어떻게 잡아야 할까? 그 대답은 대중성을 기반으로 생산에 근거를 두어야 한다. 조경수목이란 일정한 규격과 수형으로 생산하는 수종이어야 하며, 공신력 있는 기관에서 수목의 가격을 책정하여 적정한 나무값을 가진 수목이어야 할 것이다.

따라서, 이 책에 수록된 조경설계용 수목은 '공신력 있는 기관에 의해 나무값이 책정된, 일정한 규격과 수형으로 생산하는 나무이다.'라고 정의하며, 2017년 12월 현재 **조달청 가격정보에 고시되어진 수목을 조경설계용 수목으로 한다.**

둘째, 조경설계 수목도감은 어떤 도감일까?

조경수목은 주택가, 공원, 도로, 교량 하부, 건물 주변, 고궁 등의 전통공간, 하천, 수변, 사면 등의 자연지반뿐만 아니라, 옥상, 지하주차장 등의 인공지반 위, 옹벽, 건축물 벽면, 담장 벽면 등 아주 다양한 곳에서 다양한 용도로 식재된다. 이렇게 다양한 곳에서 다각도로 사용되는 조경수목은 다양한 미기후에서 살아가기에 나무의 생태적 특성이 고려되어야 한다. 또한, 조경식재설계의 목적인 수목의 환경적, 건축적, 미적, 상징적 기능 등이 고려될 수 있는 수목도감이어야 한다.

이 책에서는 이상의 고려사항을 아래와 같은 방법으로 저술하였다.

• 각 수목의 미적 특성 파악

나무들이 가진 수형, 꽃, 열매, 잎, 단풍 등 고유한 특성을 파악할 수 있도록 사진으로 수록하였다.

• 수목의 생태적 특성 파악

분포도, 맹아력, 광선, 이식 용이성, 내공해성, 내염성, 토성, 양분, 생장속도 등 수목의 생태적 특성을 수록하였다.

• 수목의 형태적 특성 파악

나무의 형태적 특성은 나무가 식재되는 공간 성격과 매우 밀접한 관계를 가지기 때문에 각 수목의 표준적인 형태를 삽화로 표현하였다.

• 수목의 뿌리 특성 파악

식재 장소가 자연토양인 곳만 아니라 인공구조물 위를 공원 또는 휴게공간으로 조성하는 경우가 빈번하게 이루어지고 있다. 이로 인해 지하 구조물에 대한 안전성 문제와 연관된 여러 요인 및 식물 생육의 문제 등이 발생하고 있다. 이에 나무의 뿌리를 삽화로 그려 나무뿌리의 형태 및 깊이 등을 파악하여 나무의 생육 및 구조물의 안전성을 고려한 식재설계가 될 수 있도록 하였다.

• 나무가 심어질 공간의 성격에 적합한 수목의 선정

식재설계는 다양한 공간에서 이루어진다. 공간의 특성에 적합한 수종을 선정하는 것은 클라이언트(Client)와 Designer의 몫이지만, 나무의 용도적 특성 중 고려되어야 할 전통조경수종, 환경정화수종, 생태복원용 수종을 제시하였다.

이상의 언급한 사항만으로 최적의 식재설계가 이루어지는 것은 아니다. 다만, 이 책에 수록된 최소한의 내용만이라도 고려된 식재설계가 이루어져, 사람과 나무가 어우러져 함께 살아가는 공간이 많이 만들어지기를 기대한다.

끝으로, 이 책의 기본 출발은 「조경설계용 수목도감」이다. 독자는 조경학을 전공한 전공자뿐만 아니라 비전공자 및 일반인들이 쉽게 접근할 수 있도록 전공용어를 최소화하려고 노력하였다. 이 책을 처음 펴는 모든 분들께, **'용어의 해설'부터 시작**하기를 부탁드린다.

2018년 2월

저자 일동

| 목차 |

용어의 해설

| 분포도 |

수목의 분포는 기후조건에 따라 수목 생육의 가능 유무가 결정되어진다. 우리나라 대부분의 수종은 전국에 걸쳐 자랄 수 있으나, 일부 수종들은 특정 기후대에 생존이 가능하기에 수목별 생육이 가능한 지역을 분포도로 명기 하였다.

남해안: 한랭지수 −10℃ 이상의 난대림 지역으로 전남, 경남의 남해안, 제주도의 해발 500m이하 지역, 울릉도의 해발600m 이하 지역을 말한다.

남부지방: 온량지수 100℃ 이상의 온대남부지역으로 충남, 전북, 경북지역, 남부고산지대를 제외한 지역을 말한다.

중부지방: 온량지수 85~100℃ 사이의 온대 중부지역으로 황해도, 경기도, 충북, 경기도, 강원도, 백두대간 고산지대 제외, 남부 고산지대를 포함한 지역을 말한다.

북부지방: 온량지수 55~85℃ 사이의 온대북부지역으로 평안도, 함경도의 낮은 지역(고산지대 제외), 백두대간 고산지대를 포함한 지역을 말한다.

한대지방: 온량지수 55℃이하 지역으로 평안도, 함경도의 고산지역을 말한다.

| 형태적 특성 |

식재설계를 하는데 있어 나무의 꽃, 열매, 잎, 단풍 및 나무의 형태 등이 중요한 요소이다. 나무의 형태적 특성을 수형(樹形) 이라 하며, 이는 나무가 심어지는 장소의 관계성뿐만 아니라, 잎이 떨어진 겨울철의 감상 포인트이기도 하다. 수형의 구분은 나무의 고유한 자연적형태로 분류하였다.

| 원형 | | 원정형 | | 원주형 | | 타원형 | | 원추형 |

원형(圓形) : 나무의 모양이 둥근 공과 같은 원형의 외형을 가진 나무
원정형(圓頂形) : 나무의 모양이 옆으로 퍼지는 타원의 외형을 가진 나무
원주형(圓柱形) : 나무의 모양이 원 기둥의 외형을 가진 나무
타원형(楕圓形) : 나무의 모양이 위로 퍼지는 타원의 외형을 가진 나무
원추형(圓錐形) : 나무의 모양이 원뿔의 외형을 가진 나무
포복형(匍匐形) : 나무의 줄기가 땅 표면으로 퍼지는 외형을 가진 나무
부채꼴형 : 나무의 줄기가 지면 가까이에서 부채의 외형을 가진 나무
불규칙형 : 나무의 모양이 정해진 형태를 가지지 않고 주변 환경에 따라 자라는 나무
처짐형 : 나무의 가지가 지면을 향해 아래로 자라는 나무

| 생태적 특성 |

나무가 식재되는 장소의 특성에 적합한 수종의 선정이 나무를 고사시키지 않고 살게하는 최적의 방법이기에 이를 식재 설계에 반영되어야 할 요소들을 말한다.

내한성(耐寒性) : 수목의 분포도를 기준으로 하였다.
- 매우약함 : 남해안지방에서 생육하는 나무
- 약함 : 남해안, 남부지방에서 생육하는 나무
- 보통 : 중부, 남부, 남해안 지방에서 생육하는 나무
- 강함 : 북부, 중부, 남부, 남해안 지방에서 생육하는 나무
- 매우강함 : 한대, 북부, 중부, 남부 지방에서 생육하는 나무

내공해성(耐公害性) : 수목이 공해에 견디는 정도를 말한다.
- 약함 : 공해로 인해 잎과 어린가지가 심한 피해를 입거나 또는 고사하는 나무
- 보통 : 공해로 인해 잎과 가지가 다소 영향을 받는 나무
- 강함 : 공해로 인해 잎에 피해는 있으나 수목생장에 영향을 받지 않는 나무

| 포복형 |

| 부채꼴형 |

| 불규칙형 |

| 처짐형 |

내염성(耐鹽性) : 수목이 바다의 염분 있는 바람에 견디는 정도를 말한다.
- 약함 : 염분으로 의해 잎과 어린가지가 심한 피해를 입거나 또는 고사하는 나무
- 보통 : 염분으로 인해 수목생장에 다소 영향을 받는 나무
- 강함 : 염분으로 인해 잎에 피해는 있으나 수목생장에 영향을 받지 않는 나무

음양성(陰陽性) : 수목이 태양광의 요구 정도를 말한다.
- 강음수(强陰樹) : 양지에서는 생육이 안 되고 음지에서만 자라는 나무
- 음수(陰樹) : 양지에서는 자라지만 생육이 저조하고 음지에서 생육이 좋은 나무
- 중용수(中庸樹) : 음지와 양지 모두 잘 자라는 나무
- 양수(陽樹) : 음지에서 자라지만 생육이 저조하고 양지에서 생육이 좋은 나무

맹아력(萌芽力) : 가지를 잘랐을 때 싹이 올라오는 정도를 말한다.
- 약함 : 가지를 자른 자리에서 싹이 잘 나오지 않기에 가지치기를 삼가해야 하는 나무
- 보통 : 가지를 자른 자리에서 싹이 보통으로 올라오는 나무
- 강함 : 가지를 자른 자리에서 싹이 활발하게 올라오는 나무

토성(土性) : 나무가 자라는 장소의 흙 입자에 따른 구분
- 사토(沙土) : 점토의 함량이 12.5% 이하를 차지하는 토양
- 사질양토(沙質壤土) : 점토의 함량이 12.5~25%를 차지하는 토양
- 양토(壤土) : 점토의 함량이 25~37.5%를 차지하는 토양
- 식양토(埴壤土) : 점토의 함량이 37.5~45%를 차지하는 토양
- 식토(埴土) : 점토의 함량이 45% 이상을 차지하는 토양

이식(移植) : 나무를 옮겨 심은 후 나무의 자라는 정도를 말한다.
- 용이 : 나무를 옮겨 심은 후 고사현상(枯死現想)이 별로 나타나지 않는 나무
- 보통 : 나무를 옮겨 심은 후 부분적인 고사현상이 있기에 관리가 필요한 나무
- 불량 : 나무를 옮겨 심은 후 고사현상이 심하기에 집중적인 관리가 필요한 나무

조경설계수목도감 정오표

8p 용어의 해설 수정

6번째 줄 : 음양성(陰陽性) 항목 내용교체

오	정
음양성(陰陽性) : 수목이 태양광의 요구 정도를 말한다. –강음수(强陰樹) : 영구음지에서 자랄 수 있는 나무 –음수(陰樹) : 음지에서도 자랄 수 있는 나무 –중용수(中庸樹) : 음지와 양지 모두 잘 자라는 나무 –양수(陽樹) : 음지에서는 생육이 너무 저조하며 양지에서 자라는 나무	**음양성(陰陽性)** : 수목이 태양광의 요구 정도를 말한다. –강음수(强陰樹) : 햇빛의 광도가 3% 이내의 강한 음지에서 자랄 수 있는 나무 –음수(陰樹) : 햇빛의 광도가 10% 이내의 음지에서 자랄 수 있는 나무 –중용수(中庸樹) : 햇빛의 광도가 30% 내외에서 자랄 수 있는 나무 –양수(陽樹) : 햇빛의 광도가 30~60% 내외의 양지에서 성장이 양호한 나무

19p 구상나무 이미지 수정

잎 이미지의 앞뒷면 서로 교체

오	정
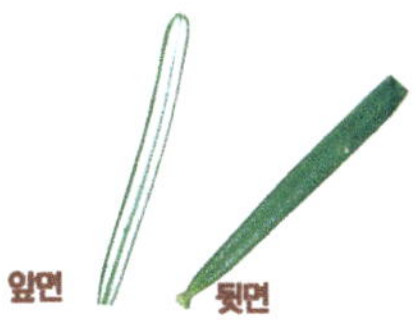	

양분(養分) : 식재토양 내 영양분이 많고 적음에 따라 나무가 자라는 정도를 말한다.
- 비옥토(肥沃土) : 식재토양 내 영양분이 많고 토심이 깊은 곳에서 잘 자라는 나무
- 보통토(普通土) : 식재토양이 비옥하고 토심이 적당한 곳에서 잘 자라는 나무
- 척박토(瘠薄土) : 식재토양 내 영양분이 적은 절개지, 황폐지(荒廢地) 등에서 잘 자라는 나무

수분(水分) : 식재토양 내 토양수(土壤水) 양의 많고 적음에 따라 나무가 자라는 정도를 말한다.
- 적윤지(適潤地) : 식재토양이 너무 건조하거나, 습하지 않은 적당한 토양수분을 함유한 땅에서 잘 자라는 나무
- 습윤지(濕潤地) : 적윤지에서도 잘 자라지만 물기나 습기를 많이 함유한 식토 등의 수변, 연못, 저습지 등에서 잘 자라는 나무
- 건조지(乾燥地) : 식재토양 내 물기나 습기가 적은 땅에서도 잘 자라는 나무

생장속도 : 나무의 가지와 잎의 자라는 정도를 말한다.
- 빠름 : 잎과 가지의 생장이 왕성하여 빠른 시간에 성목(成木)으로 되는 나무
- 보통 : 성목으로 기간이 빠르지도 않고 느리지도 않은 나무
- 느림 : 잎과 가지가 생장하여 성목이 되는데 시간이 많이 걸리는 나무

근계분포(根系分布) : 나무의 수직 뿌리가 땅속에서 뻗어나가는 모양을 말한다.
- 심근성(深根性) : 나무의 수직 뿌리가 땅 아래로 깊이 뻗어나가는 나무
- 천근성(淺根性) : 나무의 수직 뿌리가 땅속 수평으로 얕게 뻗어 나가는 나무
- 중근성(中根性) : 나무의 수직 뿌리가 깊지도 얕지도 않게 뻗어나가는 나무

| 조경설계적 특성 |

■ 기능식재

초점식재 : 조경공간의 단순함과 획일한 경관에 강조가 될 수 있는 즉, 나무를 랜드마크(Landmark)적인 요소로 사용하여 공간을 강조하고자 할 때 사용하는 식재기법으로 교목을 주로 사용한다.

경관식재 : 비어져 있는 공간에 건축물 및 기타 오브제 등의 배경경관을 형성할 때 사용하는 식재기법 또는 교목, 관목 및 지피식물 등으로 어떠한 풍경을 만들고자 할 때 사용하는 식재기법으로 교목과 관목, 지피식물 등을 다양하게 사용한다.

모서리식재 : 녹지의 모서리 부분에 식재하여 원치 않는 보행로 발생을 방지하기 위한 식재기법으로 관목을 주로 사용한다.

예각완화식재 : 건축물 모서리 주변에 교목 및 관목을 식재하여 날카로운 건축물의 수직선을 수목으로 부드럽게 만드는 식재기법이다.

온도저감식재 : 여름철 건축물의 실내 온도를 저감시켜 여름철 냉방비용을 절약하기 위하여 남향과 서향벽면 주변에 수고가 높이 자라는 교목 식재 및 만경류 등으로 벽면에 식재하는 기법이다.

상징식재 : 옛 선조들은 나무를 심을 때 나무가 가진 특별한 의미를 중요시 하여, 나무의 물리적 미(美)뿐만 아니라 사유적(思惟的)인 아름다움을 고려하여 식재하였다. 이러한 사유적 식재기법을 계승하기위해 전통공간 및 공공건물 등의 기념수 등으로 식재하는 기법이다.

법면식재 : 법면은 대체적으로 토양수분의 함유가 적고 척박토이기에 열악한 토양환경에서 잘 자라는 수종을 선정 하며, 그리고 사면의 토사유실방지를 위해서 나무의 수평뿌리 분포가 분산형인 키 낮은 교목 및 관목으로 식재하는 기법이다.

녹음식재 : 여름철의 그늘 제공 및 수목으로 캐노피(canopy)을 형성하고자 할 때 사용하는 식재기법으로, 원정형 및 원형의 수형을 가지는 교목을 주로 사용한다.

유도식재 : 시선의 유도 및 차량의 유인 등 방향성을 제공하기 위해 꽃, 열매, 단풍, 수형 등 관상가치가 높은 교목 및 관목을 사용하여 점식, 열식, 대식 등으로 식재하는 기법이다.

가로수식재 : 차량 통행의 유인 및 보행자에게 보행 안전성을 높이기 위한 식재방법으로, 지하고가 높은 교목으로 식재하는 기법이며, 공해에 강한 수종을 선정하여야한다.

울타리(경계)식재: 맹아력이 좋고 지엽이 치밀한 상록교목, 상록관목 및 낙엽관목을 사용하여 산울타리를 만드는 식재방법으로, 대지의 경계구분 및 공간 구분할 때 사용하는 식재기법이다.

차폐식재: 식물로서 보기 좋지 않은 경관을 가리기 위하여 상록교목 및 상록관목을 사용하는 식재기법으로, 차폐식재를 하게 되면 자연스럽게 소음 및 먼지 등을 저감할 수 있다.

주연부식재: 주거, 산업 등의 인공지역과 산림, 하천 등의 자연지역이 만나는 완충지역으로 주변 산 및 하천에 자생하는 교목 및 관목 등을 사용하여 생태계 연계를 위해 사용하는 식재기법이다.

방화식재: 화재 발생 시 화재의 확산을 지연하기 위해 잎이 두텁고, 지엽이 치밀한 상록활엽교목 및 상록활엽관목으로 식재하는 기법이다.

방풍식재: 바람을 막기 위해 지엽이 치밀한 대나무류 및 상록활엽교목, 상록침엽교목, 낙엽침엽교목 등으로 식재하는 기법이다.

수하식재: 교목 아래 키 낮은 관목을 식재하는 것으로, 교목을 보완해주는 수종을 선정하는 것이 바람직하다. 예를 들어 교목이 낙엽이면 수하식재 수종은 상록으로, 교목이 초봄에 꽃이 피면, 관목은 여름철에 꽃이 피는 수종을 선정하는 것이 좋다. 수하식재는 교목의 그늘에 영향을 받을 수 있기에 중용수 또는 음수가 적합하다.

■ 용도식재

전통조경수종: 예로부터 우리의 산하(山河)에서 자라는 자생수종으로 궁궐, 별서, 민가 등에서 심어왔거나 옛 문헌 등에 기록되어 전해지는 수종을 말한다.

환경정화수종: 수목에 의해 오염물질을 흡수하여 공기를 깨끗이 정화하는 역할을 하는 나무로서 수령이 10년에서 15년(대략 흉고직경 8~15cm)생의 나무로 환경부에서 추천한 수종으로 오염도가 높은지역(공장, 도로)과 오염도가 낮은지역(주택가) 수종으로 선정하였다.

생태복원용수종: 산림 또는 하천 등에서 자생적으로 자라는 나무를 식재하여 주변의 산림, 하천과 생태적 연계를 위해 사용하는 수종을 말한다.

■ **만경류의 등반특성**

흡착근(吸着根) : 덩굴식물의 줄기에 벽면을 흡착할 수 있는 빨판을 가지고 있는 식물로, 등반보조재 없이 대부분의 벽면을 기어 올라갈 수 있는 덩굴식물을 말한다.

감는덩굴 : 덩굴식물의 줄기가 감고 올라가는 특성을 가지고 있는 식물로, 벽면에 등반보재(철망, 와이어, 네트 등)가 설치되어 있어야 등반이 가능하다.

| 수목의 규격표시 |

수고(樹高, Hight : H)
지표면으로부터 수목 상단부까지의 수직높이를 말한다.
단위는 m로 표시한다.

수관폭(樹冠幅, Width : W)
수목의 녹엽 부분을 수평면에 수직으로 투영한 최대 지름을 말한다.
단위는 m로 표시한다.

지하고(枝下高, Branching Height : B.H.)
수목의 줄기에 있는 가장 아래 가지에서 지표면까지의 수직거리를 말한다.
단위는 m로 표시한다.

흉고직경(胸高直徑, Diameter of Breast Height : B)
지표면으로부터 높이 1.2미터 지점에서의 수목 줄기의 직경을 말한다.
단위는 cm로 표시한다.

근원직경(根元直徑, Root-Collar Caliper : R)
지표면에서의 수목 줄기의 직경을 말한다.
단위는 cm로 표시한다.

| 식재디자인의 구성기법 |

나무를 이용하여 디자인의 구성 원리인 점(點), 선(線), 면(面)으로 디자인하여 공간을 형성하는 식재디자인의 기본 방법이다.

점식(點植) : 디자인 요소로서 점(點)은 무차원적인 추상적인 개념으로 사용한다. 이를 수목식재에 적용한 것이 점식이다. 즉, 점식은 한 그루(단식) 또는 몇 그루를 어울러 심는 식재의 기본단위이다. 단식이나 부등변삼각형 식재를 기본으로 하여 자체적으로 균등감, 완결감이 부여되며 특정 수목이나 수목군을 강조하기 위한 식재디자인 기법이다. 대표적인 식재기법은 나무 1그루를 심는 독립식재, 가로수처럼 나무의 일정한 이격거리를 두고 심는 가로수식재, 녹음식재, 초점식재 등이 적합하다.

열식(列植) : 나무를 이용하여 선(線)을 표현하는 것으로서, 선은 디자인의 가장 기본적인 요소이다. 선은 점의 정적(靜的)인 것에서 동적(動的)인 것으로 방향성이나 움직임을 나타내는 것이다. 이를 수목식재에 적용한 것이 열식이다. 즉, 열식이란 동일규격과 형태를 가진 한 수종의 나무를 동일선상에 식재하는 기본단위이다. 강한 방향성과 규칙성을 부여할 수 있으나 단조로움을 느낄 수 있다. 대표적인 식재기법은 나무 1그루를 1열로 심는 열식재, 나무를 두줄로 심는 2열식재, 울타리식재, 차폐식재 등으로 방향과 공간구획에 적합하며, 가로수 식재, 녹음식재 등도 열식이라 할 수 있다.

군식(群植) : 나무를 이용하여 면(面)을 표현한 것으로, 면은 1차원적인 선과는 달리 2차원적인 넓이를 표현하여 공간감 및 입체감을 나타내는 것이다. 이를 수목식재에 적용한 것이 군식이다. 군식은 식재기능에 따라 규칙적으로 수목을 배치하는 정형식 군식과 자연스런 모습의 군락을 형성하는 자연형 군식으로 나눌 수 있다.

임의식재(자유식재) : 크고 작은 세 그루의 크기가 다른 수목을 부등변삼각형의 꼭지 점에 배치하여 비대칭균형을 이루는 부등변삼각형식재를 기본으로 한다. 이는 자연형 식재의 기본형식으로 임의식재 응용으로 삼각망을 순차적으로 확산하면서 5점식재, 7점식재 등으로 발전해 나갈 수 있다. 대표적인 식재기법은 경관식재, 법면식재, 방화식재, 주연부 식재 등이다.

01 상록침엽교목

주목

Taxus cuspidata S. et Z.
상록침엽교목/ 주목과/ 적백송

나무의 껍질이 붉기 때문에 주목(朱木)이라 부른다.

앞면

뒷면

잎 길이 1.5~2.5㎝, 너비 2~3㎜, 짙은 녹색이며, 뒷면은 2줄의 옅은 노란색 기공조선이 있다.

수피 빨간빛을 띠는 갈색으로 얇게 벗겨지며, 목재는 옅은 빨간색이다.

열매 9~10월, 빨간색 컵모양의 열매가 특색있다.

잎 불규칙하게 배열한다.

태백산의 주목

| 분포도 |

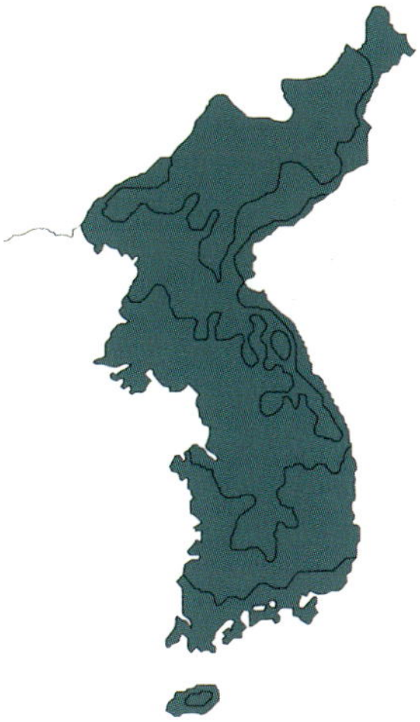

한대, 북부, 중부, 남부,
남해안지방

| 뿌리모양 |

수령 50년생, 흉고직경 25㎝, 수고 11m의 주목 뿌리

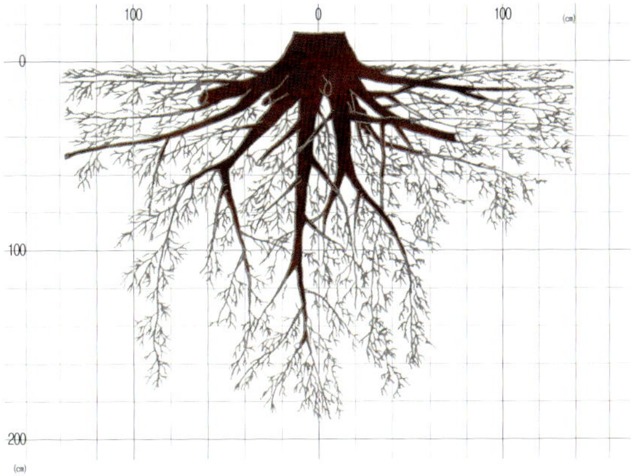

수직뿌리	심근성	수평뿌리	집중형	잔뿌리	많다

| 형태적 특성 |

성장 10~15m
수형 원추형

| 생태적 특성 |

내한성	매우 강함	내공해성	보통
맹아력	양호	내염성	강함
음양성	강음수→중용수	토성	사질양토
이식	용이→불량	양분	비옥토
수분	적윤지	생장속도	매우 느림

| 조경설계적 특성 |

• 짙은 녹색의 잎과 전정 시 외관의 부드러운 질감이 아름다워 토피어리(topiary)용으로 좋으며, 정형식 정원에 잘 어울린다.

배식장소

• 건축물 입구의 독립수로 초점식재, 열식으로 유도식재
• 공원의 입구 및 평면기하학식 정원의 초점식재, 열식으로 유도식재

주목의 특징

• 높은 산에서 잘 자라는 수종이므로 남해안지방에서는 생육이 좋지 않다.
• 어린나무는 이식이 용이하지만, 나무가 성목이 되면 이식이 불량하기에 성목은 설계 반영을 지양하여야 한다.

젓나무

Abies holophylla Max.
상록침엽교목/ 소나무과/ 전나무

젓나무의 이름은 열매에서 나오는 하얀 수액이 젓처럼 보여 붙여졌다.

젓나무 가로수

수피 회색 · 검은빛을 띠는 갈색으로 불규칙하게 갈라진다.

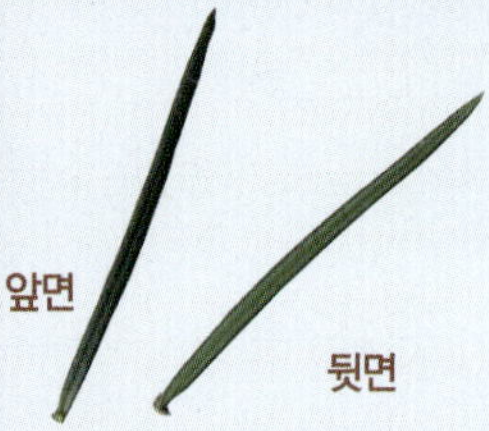

잎 길이 4㎝, 너비 2㎜, 뒷면 양쪽에 흰색 기공조신이 7~8줄 있으며, 앞뒷면의 구분이 명확하다.

| 형태적 특성 |

성장 20~40m
수형 원추형

| 분포도 |

북부, 중부지방

| 생태적 특성 |

내한성	강함	내염성	약함
맹아력	보통	토성	사질양토
음양성	음수→양수	양분	비옥토
이식	보통	생장속도	느림→빠름
수분	적윤지	근계분포	심근성
내공해성	매우 약함		

| 조경설계적 특성 |

- 어린나무의 수형은 정연한 원추형으로 대단히 아름다우며, 오래된 나무는 쭉 뻗은 곧고 긴 줄기의 큰 나무로 자라기에 경관수로 좋다.

배식장소

- 예로부터 사찰주변, 서원, 궁궐 등에 많이 식재
- 도심지 조경수종으로는 적당하지 않으나 도시 외곽의 공원 및 녹지에 초점식재
- 수직적인 수형이 아름다워 건축물 주변에 1~2그루의 독립수로 식재 시 인공구조물과 좋은 조화를 이룬다.
- 오대산 월정사의 젓나무 숲이 일품이다.

구상나무

Abies koreana E.H.Wilson
상록침엽교목/ 소나무과

우리나라 특산수종으로 매우 오래 장수하는 나무이다.

수피 어릴 때는 갈색, 늙으면서 백색을 띠며 거칠어진다.

열매 9~10월, 길이 4~7㎝, 빨간빛을 띠는 갈색으로 달린다.

잎 길이 9~14㎜, 너비 2.1~2.4㎜, 끝이 얇게 갈라지며, 뒷면은 흰색이다.

| 형태적 특성 |

성장 5~10m
수형 원추형

| 분포도 |

한대, 북부, 중부, 남부지방의 높은 산지

| 생태적 특성 |

내한성	매우 강함	**내염성**	약함
맹아력	강함	**토성**	사질양토
음양성	음수→양수	**양분**	비옥토
이식	보통	**생장속도**	느림
수분	적윤지	**근계분포**	심근성
내공해성	약함		

| 조경설계적 특성 |

- 우리나라 특산수종으로 관공서 건축물 또는 공원의 기념수식재에 의미가 있다.

배식장소

- 공해에 약하고 생육이 느려 조경용수로 잘 사용하지 않으나, 한국 특산종이기에 건축물 및 공원의 기념수식재로 사용하면 좋다.

개잎갈나무

Cedrus deodara (Roxb.) Loudon
상록침엽교목/ 소나무과/ 히말라야시다/ 설송

히말라야 산맥에서 자생하기에 히말라야시다라 불린다.

잎 길이 2.5~5cm, 짧은 가지에 30여개의 침엽이 모여난다.

수피 회색빛을 띠는 갈색으로 갈라져 벗겨진다.

꽃 암수한그루이며, 꽃이 작아 눈에 잘 띄지 않는다.

열매 10~11월, 지름 7~10cm 검은빛을 띠는 갈색의 열매가 곧게 서서 열린다.

| 분포도 |

중부해안, 남부, 남해안지방

| 뿌리모양 |

수령 40년생, 흉고직경 35cm, 수고 14m의 개잎갈나무 뿌리

수직뿌리	천근성	**수평뿌리**	분산형	**잔뿌리**	적다

| 형태적 특성 |

성장 20~30m
수형 원추형

| 생태적 특성 |

내한성	약함	**내공해성**	보통
맹아력	강함	**내염성**	약함
음양성	중용수	**토성**	사질양토
이식	용이	**양분**	비옥토
수분	적윤지	**생장속도**	빠름

| 조경설계적 특성 |

- 남부지방에 잘 자라지만 서울과 동해안 강릉 부근에서도 월동이 가능하다.

배식장소

- 남부지방 건축물 주변 외곽 녹지의 차폐식재, 건축물 측벽 및 서향 벽의 온도저감식재
- 공원 및 녹지의 열식으로 차폐식재

개잎갈나무의 특징

- 잎갈나무와 비슷하지만, 잎갈나무는 잎을 갈고, 개잎갈나무는 잎을 갈지 않아 가짜 잎갈나무라 하여 개잎갈나무가 되었다.
- 세계 3대 공원수 중의 하나로 세계 각지에서 널리 식재된다.

백송

Pinus bungeana Zucc.
상록침엽교목/ 소나무과/ 흰소나무/ 백골송

수피가 흰색 소나무라서 백송(白松)이다.

잎 길이 7~9㎝, 너비 1.8㎜, 3개의 잎이 모여나며, 굳고 곧게 자라고 3~4년간 가지에 붙어있다가 갈색으로 떨어진다.

수피 어린나무일 때는 옅은 녹색, 20년생 전후 수피 박리, 40년생 전후로 회색빛을 띠는 흰색의 큰 조각으로 떨어진다.

열매 10~11월, 길이 6㎝, 지름 5㎝, 갈색의 열매가 달린다.

겨울눈 빨간빛을 띠는 갈색이다.

| 분포도 |

중부, 남부, 남해안지방

| 뿌리모양 |

수령 35년생, 흉고직경 8㎝, 수고 3.5m의 백송 뿌리

수직뿌리 심근성 **수평뿌리** 분산형 **잔뿌리** 적다

| 형태적 특성 |

성장 15~25m
수형 원추형→원정형

| 생태적 특성 |

내한성	보통	**내공해성**	보통
맹아력	약함	**내염성**	약함
음양성	음수→양수	**토성**	사질양토
이식	불량	**양분**	비옥토
수분	적윤지	**생장속도**	느림→빠름

| 조경설계적 특성 |

- 줄기의 수피가 아름다워 독립수의 경관수로 효과적이다.

배식장소

- 건축물 입구의 독립수로 초점식재, 기념수식재
- 공원 주요 지점의 초점식재, 기념수식재

백송의 특징

- 백송은 오래된 줄기의 껍질이 불규칙하게 떨어져 나가며, 수피의 색상이 어릴 때는 옅은 녹색→흰색으로 변하기 때문에 '흰소나무'라 한다.
- 추사 김정희가 중국에서 들여온 나무이다.
- 백송 잎과 리기다소나무 잎은 3개가 모여난다.

소나무

Pinus densiflora S. et Z.
상록침엽교목/ 소나무과/ 솔/ 적송/ 육송

소나무는 순수한 우리말의 '솔'에서 따온 이름이다.

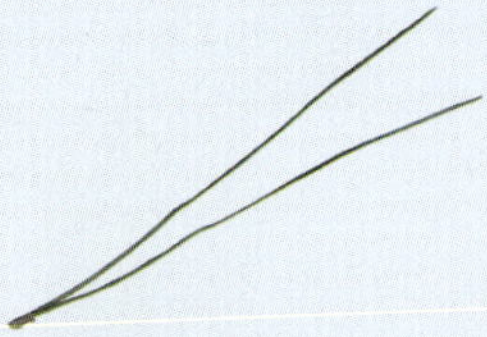

잎 길이 8~9cm, 너비 1.5mm, 2개의 잎이 모여난다.

수꽃 5월, 암수한그루이며, 수꽃은 길이 1cm 로서, 새가지 아래쪽에 20~30개씩 핀다.

암꽃 5월, 암꽃은 길이 0.6cm 이며, 새가지 위쪽에 2~3개씩 핀다.

수피 윗부분은 빨간빛을 띠는 갈색, 아랫부분은 검은빛을 띠는 갈색으로 조각조각 떨어진다.

열매 9~10월, 길이 4.5cm, 지름 3cm, 짙은 갈색으로 달린다.

잎 2년간 가지에 달려있다가 갈색으로 떨어진다.

| 분포도 |

북부, 중부, 남부
남해안지방

| 뿌리모양 |

수령 42년생, 흉고직경 30㎝, 수고 16m의 소나무 뿌리

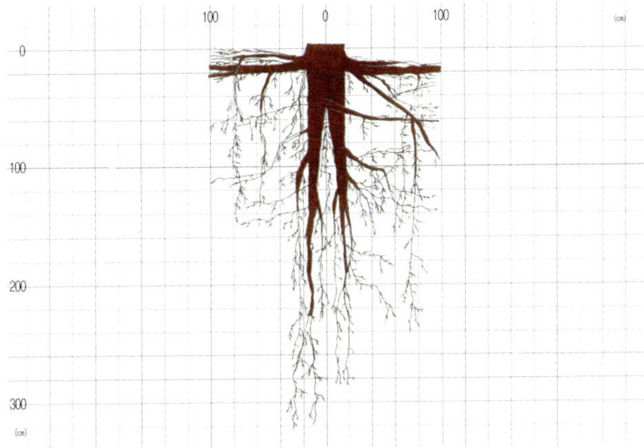

수직뿌리 심근성 **수평뿌리** 분산형 **잔뿌리** 적다

| 형태적 특성 |

성장 25~35m
수형 비정형 원추형

| 생태적 특성 |

내한성	강함	**내공해성**	보통
맹아력	강함	**내염성**	약함
음양성	양수	**토성**	사질양토, 식토
이식	불량	**양분**	척박지
수분	적윤~약건조	**생장속도**	느림

| 조경설계적 특성 |

- 수형이 아름다우며 자연미를 가져 독립수 또는 군식으로 식재하여 자연풍경적 경관을 조성하는데 사용한다.

배식장소

- 건축물 주변 경관식재, 아파트 단지 입구 등 주요 지점의 군식 및 단식으로 초점식재
- 공원 및 녹지의 중요 지점의 초점식재 및 경관식재, 자연지역과의 경계지역의 주연부식재

소나무의 상징성

- 솔은 우리말로 으뜸이기에, 소나무는 으뜸 나무이다.
- 소나무의 감상법은 소나무의 아름다운 수형을 감상하고, 늘 푸른 잎을 감상하며, 소나무 특유의 수피 즉, 수피의 색상과 형상(구갑)을 감상한다.
- 생태복원용수종으로 사용 가능하다.
- 전통조경수종으로 사용 가능하다.(절개와 지조의 상징)

곰솔

Pinus thunbergii Parl.
상록침엽교목/ 소나무과/ 해송/ 흑송

잎이 소나무에 비해 억세다고 '곰솔', 염분에 강하여 해안가에 잘 살기에 '해송'이라 한다.

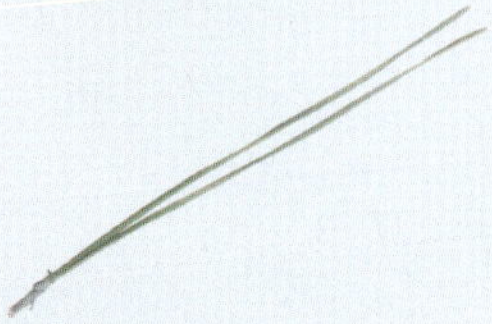

잎 길이 6~12㎝, 너비 1.5㎜, 2개의 잎이 모여난다.

수꽃 5월, 암수한그루이며, 길이 1.5㎝, 옅은 갈색으로 핀다.

암꽃 5월, 길이 6㎜, 빨간색으로 핀다.

수피 검은빛을 띠는 갈색으로 그물형태로 깊게 갈라진다.

열매 9월, 꽃이 핀 이듬해 녹색빛을 띠는 갈색으로 달린다.

잎 2~3년동안 달려있다가 갈색으로 변하면서 떨어진다.

| 분포도 |

중부해안, 남부, 남해안지방

| 뿌리모양 |

수령 45년생, 흉고직경 30㎝, 수고 16m의 곰솔 뿌리

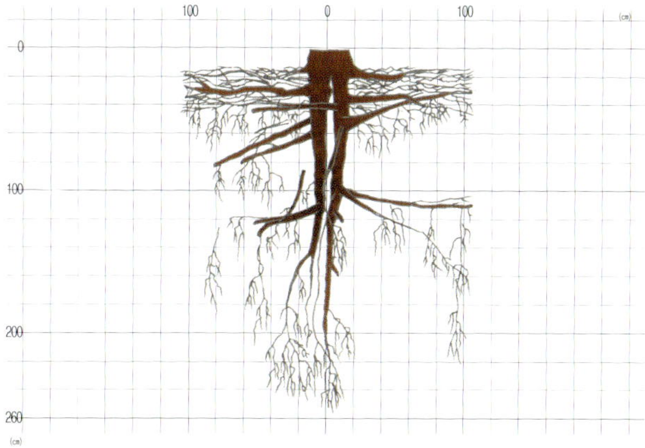

수직뿌리 심근성 **수평뿌리** 분산형 **잔뿌리** 적다

| 형태적 특성 |

성장 25~30m
수형 비정형 원추형

| 생태적 특성 |

내한성	약함	**내공해성**	강함
맹아력	강함	**내염성**	우수
음양성	양수	**토성**	사질양토, 식토
이식	용이	**양분**	비옥토
수분	건조지	**생장속도**	빠름

| 조경설계적 특성 |

- 남성다운 기개가 있어 곰솔이라 칭할 만큼 질감이 거칠며, 중부이남 해안지방의 가로수 및 녹지공간의 경관수로 적합하다.

배식장소

- 해안지방 건축물 주변 경관식재, 단지 입구 및 주거동 주변에 군식으로 초점식재, 외곽 녹지에 군식으로 주연부식재
- 공원 및 녹지의 경관식재 및 외곽 녹지의 주연부식재, 주요 지점에 군식으로 초점식재

곰솔의 특징

- 곰솔은 소나무보다 잎이 길고 억세며 수피가 소나무에 비해 검다.
- 곰솔의 한자어는 흑송(黑松)이며, 우리나라 동해안 울진까지, 서해안은 경기도 수원 부근의 해안까지 자생한다.
- 생태복원용수종으로 사용 가능하다.

잣나무

Pinus koraiensis S. et Z.
상록침엽교목/ 소나무과/ 홍송/ 상강송/ 유송/ 오엽송

잣나무는 잣을 생산하는 나무라는 뜻이며 한국원산의 나무이다.

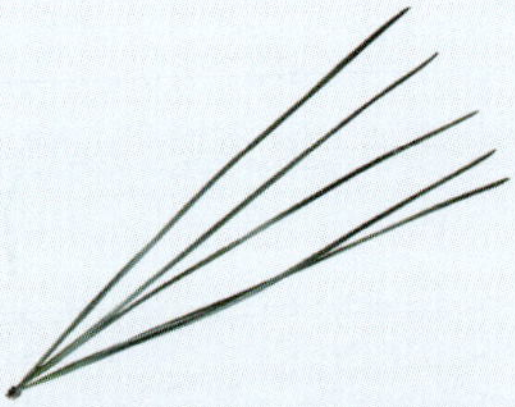

잎 길이 7~12㎝, 5개씩 모여나며, 세모모양으로 2면에 흰색 기공조선이 있다.

수피 검은빛을 띠는 갈색으로 갈라지며, 목재는 옅은 빨간색이다.

겨울눈 빨간빛을 띠는 갈색이다.

열매 10월, 길이 12~15㎝, 지름6~8㎝, 꽃이 핀 이듬해 짙은 갈색으로 익는다.

| 분포도 |

북부, 중부, 남부지방

| 뿌리모양 |

수령 60년생, 흉고직경 34㎝, 수고 15m의 잣나무 뿌리

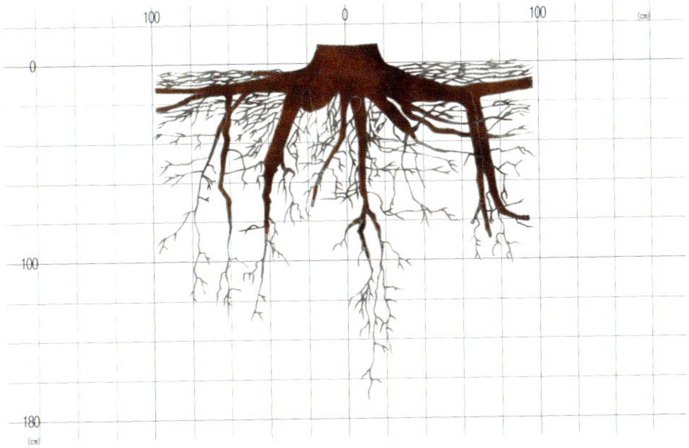

수직뿌리	심근성	수평뿌리	분산형	잔뿌리	적다

| 형태적 특성 |

성장 20~30m
수형 원추형

| 생태적 특성 |

내한성	강함	내공해성	보통
맹아력	보통	내염성	강함
음양성	음수→양수	토성	사질양토
이식	용이	양분	비옥토
수분	적윤지	생장속도	느림→빠름

| 조경설계적 특성 |

- 수고가 높고 수형이 원추형을 이루어 독립수 및 외곽 녹지의 경관수로 적합하다.

배식장소

- 건축물 외곽 녹지의 경관 및 차폐식재, 건축물 측벽 및 서향 벽의 온도저감식재
- 공원 및 녹지의 울타리식재, 외곽 녹지의 경관 및 차폐식재, 공원의 초점식재, 공원 주요 지점의 초점식재는 큰 나무로 적용
- 법면식재

잣나무의 특징

- 소나무에 비해 잎의 색감이 짙은 녹색이다.
- 잣나무의 열매는 식용할 수 있다.
- 생태복원용수종으로 사용 가능하다.
- 전통조경수종으로 사용 가능하다.

스트로브잣나무

Pinus strobus L.
상록침엽교목/ 소나무과/ 가는잎소나무

스트로브잣나무는 학명의 종명이 '스트로브'에서 이름이 붙여졌다.

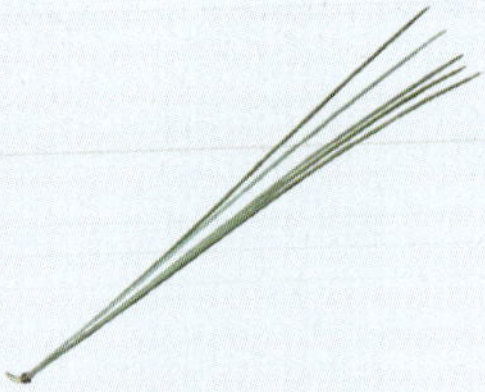

잎 길이 7~12cm, 5개씩 모여 난다.

수피 어린나무일 때는 밋밋하지만 자라게 되면 밑이 갈라지며, 작은 가지는 녹색빛을 띠는 갈색이다.

열매 꽃이 핀 이듬해 8월 하순~9월 상순, 지름 2.5cm, 갈색으로 익는다.

잎 백색의 기공조선으로 뚜렷하게 구분된다.

| 분포도 |

중부, 남부, 남해안지방

| 뿌리모양 |

수령 30년생, 흉고직경 34cm, 수고 10m의 스트로브잣나무 뿌리

수직뿌리 심근성 수평뿌리 분산형 잔뿌리 적다

| 형태적 특성 |

성장 15~30m
수형 원추형

| 생태적 특성 |

내한성	보통	내공해성	강함
맹아력	보통	내염성	약함
음양성	음수→양수	토성	사질양토
이식	용이	양분	비옥토
수분	적윤지	생장속도	느림→빠름

| 조경설계적 특성 |

- 생장이 빠르고 공해에 강하여 녹지의 경관수 및 방풍수림으로 많이 사용한다.

배식장소

- 건축물 외곽 녹지의 경관 및 차폐식재, 건축물 측벽 및 서향 벽의 온도저감식재
- 공원의 유도식재, 외곽 녹지의 경관 및 차폐식재, 공원 주요 지점의 초점식재는 큰 나무로 적용

스트로브잣나무의 특징

- 줄기가 부드럽고 잎이 유연하며 잣나무에 비해 잎이 부드럽기 때문에 여성적인 느낌을 준다.
- 스트로브잣나무의 수피는 매끈하고, 잣나무의 수피는 거칠다.

섬잣나무

Pinus parviflora S. et Z.
상록침엽교목/ 소나무과/ 오엽송

우리나라 식물 중 울릉도 특산종은 '섬', '우산'이라는 단어가 이름 앞에 붙는다.

수꽃 5~6월, 짙은 분홍색으로 핀다.

열매 8~9월, 길이 4~7cm, 지름 4~5cm, 갈색으로 달린다.

잎 길이 3.5~6cm, 너비 1~1.2mm, 5개씩 모여나며, 뒷면의 흰색 기공조선에 의해 잎에 흰선이 뚜렷이 구분된다.

| 형태적 특성 |

성장 5~10m
수형 원추형

| 분포도 |

중부, 남부, 남해안지방

| 생태적 특성 |

내한성	보통	**내염성**	약함
맹아력	보통	**토성**	사질양토
음양성	음수→양수	**양분**	비옥토
이식	용이	**생장속도**	느림
수분	적윤지	**근계분포**	심근성
내공해성	보통		

| 조경설계적 특성 |

- 소나무류 중 잎이 가장 짧고 은빛을 띠며 색감과 질감이 좋으며, 전정 및 전지로 다양한 모양의 경관수로 사용한다.

배식장소

- 건축물 주요 부분의 초점식재, 경관식재
- 공원 및 녹지의 초점식재, 경관식재

독일가문비

Picea abies (L.) H.Karst.
상록침엽교목/ 소나무과/ 긴방울가문비

수형이 매우 정형적이어서 마치 독일병정 같은 느낌이 난다.

꽃 4~5월, 옅은 빨간색의 꽃이 핀다.

열매 10월, 10~20㎝, 옅은 갈색의 열매가 달린다.

잎 길이 1~2㎝, 매우 촘촘하게 난다.

| 형태적 특성 |

성장 15~25m
수형 원추형

| 분포도 |

한대, 북부, 중부, 남부,
남해안지방은 생육 불량

| 생태적 특성 |

내한성	매우 강함	**내염성**	보통
맹아력	보통	**토성**	사질양토
음양성	음수→양수	**양분**	비옥토
이식	용이→불량	**생장속도**	느림→빠름
수분	적윤지	**근계분포**	천근성
내공해성	보통		

| 조경설계적 특성 |

- 수형이 원추형으로 단정하여 독립수, 기념식재, 정형식 정원에 적합하다.

배식장소

- 건출물 주요 부분의 초점식재, 경관식재
- 공원 및 녹지의 초점식재, 유도식재

독일가문비의 특징

- 가문비나무의 열매는 아래로 달리고, 젓나무의 열매는 위로 달린다.
- 큰 나무를 이식하면 수형이 나빠지므로 수고 3m 이상은 이식을 지양하여야 한다.

금송

Sciadopitys verticillata S. et Z.
상록침엽교목/ 낙우송과

수형이 정연하여 '조각품' 같은 느낌을 주는 나무이다.

앞면

뒷면

잎 너비 3㎜, 뒷면에 홈이 있다.

수피 짙은 갈색으로 세로로 거칠게 갈라진다.

열매 다음 해 10월, 8~12㎝의 갈색 열매가 곧게 세워 달린다.

잎 2개의 잎이 합쳐 1개의 잎인 것처럼 보인다.

| 분포도 |

남부, 남해안지방

| 뿌리모양 |

수령 60년생, 흉고직경 20㎝, 수고 8m의 금송 뿌리

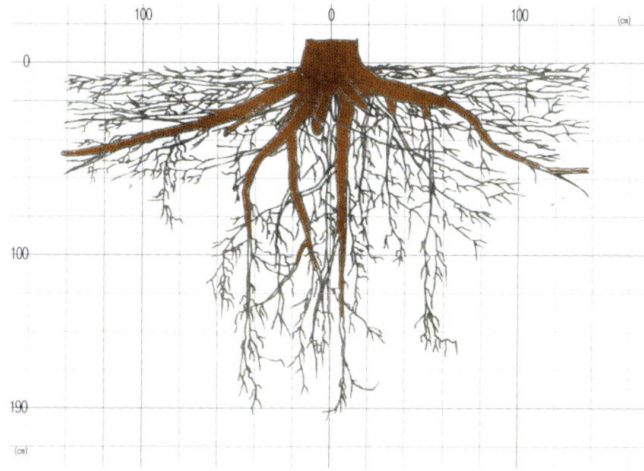

수직뿌리	천근성	수평뿌리	집중형	잔뿌리	적다

| 형태적 특성 |

성장 10~15m
수형 원추형

| 생태적 특성 |

내한성	약함	내공해성	약함
맹아력	약함	내염성	약함
음양성	음수→양수	토성	사질양토, 양토
이식	불량	양분	비옥토
수분	적윤지	생장속도	매우 느림→빠름

| 조경설계적 특성 |

- 일본 특산으로 전통조경공간에서 피해야 할 수종이지만 사적인 공간에서는 수형이 단정하여 건축물의 직선과 잘 어울린다.

배식장소

- 건축물 입구의 독립수로 초점식재, 주거동 주변의 열식 및 단식으로 유도식재, 정형식 정원의 초점식재
- 공원 주요 지점의 독립수로 초점식재, 기념수식재, 평면기하학식 정원의 초점식재

금송의 특징

- 금송의 목재가 땅속이나 물속에서 잘 썩지 않아 백제 무령왕(재위 501~523)의 관이 금송으로 제작되었다.

삼나무

Cryptomeria japonica (L.fil.) D.Don
상록침엽교목/ 낙우송과/ 숙대나무

하늘을 찌를 듯이 높게 올라가는 나무가 삼나무이다.

잎 길이 12~25㎜로서 앞뒤에 능선이 있다.

수피 빨간빛을 띠는 갈색으로 세로로 얇게 갈라진다.

열매 10월, 지름 16~30㎜, 빨간빛을 띠는 갈색의 열매가 달린다.

잎 나선형으로 돌려나기이다.

| 분포도 |

남부, 남해안지방

| 뿌리모양 |

수령 50년생, 흉고직경 32㎝, 수고 16m의 삼나무 뿌리

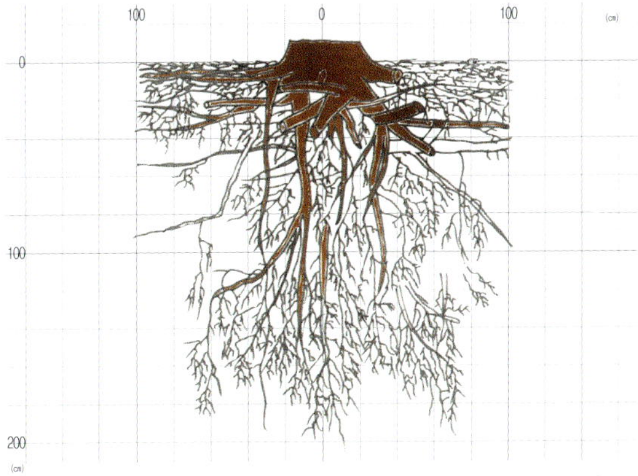

수직뿌리 심근성 **수평뿌리** 중간형 **잔뿌리** 많다

| 형태적 특성 |

성장 45m
수형 원추형

| 생태적 특성 |

내한성	약함	**내공해성**	약함
맹아력	강함	**내염성**	약함
음양성	음수→양수	**토성**	사질양토, 양토
이식	보통	**양분**	비옥토
수분	적윤지	**생장속도**	빠름

| 조경설계적 특성 |

- 줄기가 곧은 큰 나무로 자라며, 수형이 단정하여 독립수 및 군식의 경관수로 적합하다.

배식장소

- 건축물 측벽 및 서향 벽의 온도저감식재, 외곽 녹지의 방풍식재
- 공원 및 녹지의 유도식재, 초점식재, 외곽 녹지 및 해안의 방풍식재

삼나무의 특징

- 수형이 전정을 하지 않아도 피라미드 모양으로 단정하게 자라기에 건축물과 조화로운 경관을 연출
- 목재는 스기목이라 하여 건축 내장재로 많이 사용하며, 물속에서도 잘 썩지 않는다.
- 일본 특산수종이다.

편백

Chamaecyparis obtusa (S. et Z.) Endl.
상록침엽교목/ 측백나무과

피톤치드가 많이 방출되어 웰빙 숲으로 인기가 많은 수목이다.

앞면

뒷면

잎 잎 뒷면에 비늘잎이 포개지는 모양은 Y자형 흰색의 선이 있다.

수피 빨간빛을 띠는 갈색으로 세로로 얇게 벗겨진다.

꽃 4월, 암수한그루이며, 수꽃은 전년생 가지 끝에 피며, 암꽃은 옅은 갈색으로 핀다.

열매 9~11월, 지름 1~1.2㎝, 갈색의 열매가 달린다.

잎 잎의 끝이 둔한 둥근형이어서 만지면 부드럽다.

| 분포도 |

남부, 남해안지방

| 뿌리모양 |

수령 65년생, 흉고직경 36㎝, 수고 17m의 편백 뿌리

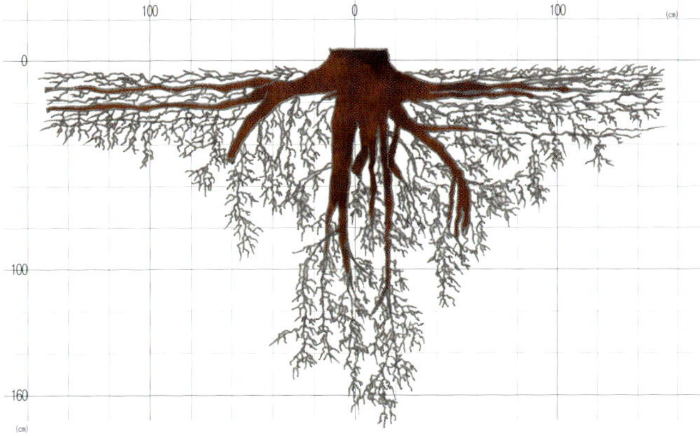

수직뿌리 천근성 **수평뿌리** 집중형 **잔뿌리** 많다

| 형태적 특성 |

성장 15~20m
수형 원추형

| 생태적 특성 |

내한성	약함	**내공해성**	보통
맹아력	강함	**내염성**	약함
음양성	음수→양수	**토성**	사질양토
이식	용이	**양분**	비옥토
수분	적윤지	**생장속도**	빠름

| 조경설계적 특성 |

- 피톤치드가 왕성하게 생성되어 군식으로 식재하여 테마공간 조성에 적합하다.

배식장소

- 건축물 외곽 녹지의 경관식재, 차폐식재, 건축물 측벽 및 서향 벽의 온도저감식재
- 공원 및 녹지의 차폐식재, 공원의 테라피 정원을 위한 군식으로 테마식재

편백의 특징

- 원산지 일본에서는 히노끼(ヒノキ)라고 부르고 목재의 재질이 좋아 고급 건축자재로 사용한다.
- 편백림은 하부식생이 자라기가 곤란하다.

화백

Chamaecyparis pisifera (S. et Z.) Endl.
상록침엽교목/ 측백나무과

편백, 화백, 측백은 비슷하여 잎 뒷면으로 구분한다.

앞면

뒷면

잎 편백을 닮았으나 비늘잎이 포개지는 모양은 W자형이며, 흰색의 기공조선이 많이 분포해 하얗게 보인다.

수피 빨간빛을 띠는 갈색으로 세로로 얇게 벗겨지며, 편백보다 회색빛이 더하다.

꽃 4월, 암수한그루이며, 수꽃은 전년생 가지 끝에 1개씩 피며, 암꽃은 옅은 갈색으로 핀다.

열매 9~10월, 지름 0.6㎝, 갈색의 열매가 달린다.

잎 잎의 끝이 뾰족하여 만지면 따갑다.

| 분포도 |

중부,남부, 남해안지방

| 뿌리모양 |

수령 60년생, 흉고직경 36㎝, 수고 15m의 화백 뿌리

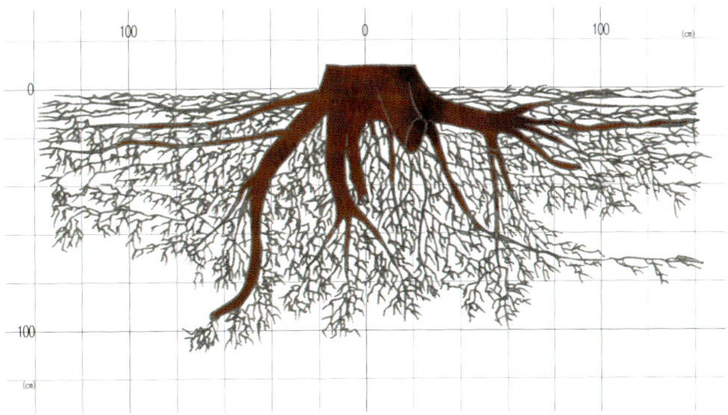

수직뿌리 천근성 **수평뿌리** 집중형 **잔뿌리** 많다

| 형태적 특성 |

성장 15~20m
수형 원추형

| 생태적 특성 |

내한성	보통	**내공해성**	강함
맹아력	강함	**내염성**	보통
음양성	중용수	**토성**	사질양토
이식	용이	**양분**	비옥토
수분	가리지 않음	**생장속도**	빠름

| 조경설계적 특성 |

- 수형이 단정하고 아름다워 열식으로 울타리식재에 적합하다.

배식장소

- 건축물 외곽 녹지의 차폐식재 및 울타리식재, 건축물 측벽 및 서향 벽의 온도저감식재
- 공원 및 녹지의 울타리식재, 공원 외곽 녹지의 완충 및 차폐식재
- 경사지형의 척박지에 경관식재
- 법면식재

화백의 특징

- 옅은 녹색의 잎은 향기가 좋으며, 잎 뒷면의 흰색의 기공조선이 많아 마치 하얀 분칠을 한 것처럼 보인다.

서양측백

Thuja occidentalis L.
상록침엽교목/ 측백나무과/ 미국측백나무

전정을 하지 않아도 피라미드 모양으로 자란다.

앞면

뒷면

잎 비늘잎으로 길이는 3㎜, 표면은 옅은 녹색이며, 뒷면은 황록색이다.

수피 회색으로 세로로 얇게 갈라진다.

암꽃 4~5월, 암꽃은 원형이고, 수꽃은 난형이며, 연한 자줏빛을 띠는 갈색이다.

열매 10~11월, 지름 8~12㎜, 노란빛을 띠는 갈색의 열매가 달린다.

잎 향기가 강하다.

| 분포도 |

중부, 남부, 남해안지방

| 뿌리모양 |

수령 25년생, 흉고직경 18㎝, 수고 5m의 서양측백 뿌리

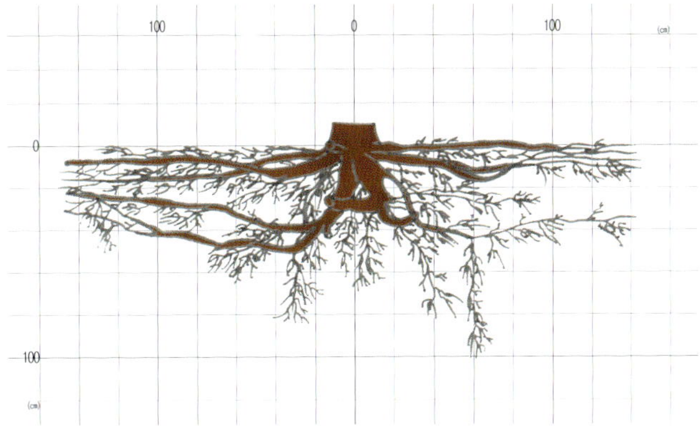

수직뿌리 천근성 **수평뿌리** 집중형 **잔뿌리** 적다

| 형태적 특성 |

성장 10~20m
수형 원추형

| 생태적 특성 |

내한성	보통	**내공해성**	강함
맹아력	강함	**내염성**	보통
음양성	양수	**토성**	사질양토, 양토
이식	보통	**양분**	비옥토
수분	적윤지	**생장속도**	빠름

| 조경설계적 특성 |

- 수형이 전정을 하지 않아도 피라미드 모양으로 자리기에 건축물과 조화로운 경관을 연출한다.

배식장소

- 건축물 주변의 초점식재, 건축물 측벽 및 서향 벽의 온도저감식재, 지엽이 치밀하고 전정에 강해 울타리식재 및 차폐식재
- 공원 및 녹지의 유도식재, 초점식재, 외곽 녹지의 차폐식재

서양측백의 특징

- 건축물의 모서리에 식재하기 적합한 수종이다.
- 평면기하학식 정원 또는 정형식 정원의 경관수로 적합하다.

측백나무

Thuja orientalis L.
상록침엽교목/ 측백나무과/ 백자인

겉과 속이 같은 군자와 비슷하다고 하여 '군자나무' 이다.

꽃 4월, 암수한그루이며, 수꽃은 전년생 가지 끝에 피며, 암꽃은 옅은 갈색으로 핀다.

열매 9~12월, 지름 1.5~2㎝, 짙은 갈색의 열매가 달린다. 열매에서 뿔이 나있다.

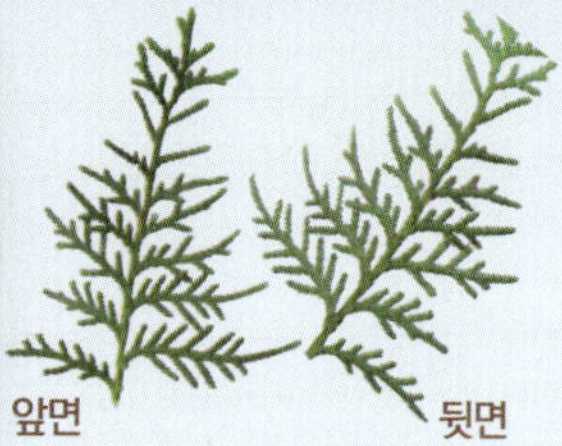

잎 비늘잎의 X자형으로 길이 2.5㎜, 너비 2㎜이며, 만지면 부드럽다.

| 형태적 특성 |

성장 15~25m
수형 원추형

| 분포도 |

북부, 중부, 남부, 남해안지방

| 생태적 특성 |

내한성	강함	내염성	보통
맹아력	강함	토성	사질양토
음양성	양수	양분	보통토
이식	용이	생장속도	빠름
수분	적윤지	근계분포	천근성
내공해성	강함		

| 조경설계적 특성 |

• 옛날에는 군자의 상징으로 심었지만 지금은 외곽 녹지에 많이 심는다.

배식장소

• 건축물 외곽 녹지의 울타리식재, 차폐식재, 건축물 측벽 및 서향 벽의 온도저감식재
• 공원 및 녹지의 울타리식재, 차폐식재
• 전통조경수종으로 사용 가능하다.

향나무

Juniperus chinensis L.

상록침엽교목/ 측백나무과/ 회백(檜柏)/ 향목(香木)/ 회(檜)

향나무는 겹질을 태워 향을 피우는 나무이다.

꽃 4월, 갈색으로 핀다.

열매 10월, 짙은 갈색으로 열린다.

잎 맹아에서는 침엽, 7~8년생부터는 비늘잎이 생긴다.

| 형태적 특성 |

성장 15~25m
수형 타원형

| 분포도 |

북부, 중부, 남부, 남해안지방

| 생태적 특성 |

내한성	강함	**내염성**	보통
맹아력	강함	**토성**	사질양토
음양성	음수→양수	**양분**	비옥토
이식	용이	**생장속도**	느림→빠름
수분	건조지	**근계분포**	천근성
내공해성	강함		

| 조경설계적 특성 |

- 옛날에는 사당, 영당(影堂), 제단(祭壇) 등의 의례공간, 제례공간의 상징수로 심었다.

배식장소

- 건축물의 주변의 초점식재
- 공원의 주요 지점에 큰 나무로 초점식재, 경관식재
- 전통조경공간의 경관식재

향나무의 특징

- 침엽과 바늘잎이 섞여 있기에 만지면 따갑다.
- 향나무 종류는 배나무, 사과나무 적성병의 중간기주가 되는 나무이다.
- 전통조경수종으로 사용 가능하다.(더러운 것을 맑게 하는 청정을 상징하여 궁궐, 사찰, 묘지에 식재)

가이즈까향나무

Juniperus chinensis 'Kaizuka'
상록침엽교목/ 측백나무과

학명의 속명이 '가이즈까' 여서 가이즈까 향나무이다.

수피 검은빛을 띠는 갈색으로 세로로 갈라진다.

열매 10월, 지름 3~7㎜, 열매가 달린다.

잎 침엽이 없이 비늘잎만 있는데, 짧게 전정을 하면 침엽이 생긴다.

| 형태적 특성 |

성장 10~15m
수형 원추형

| 분포도 |

중부, 남부, 남해안지방

| 생태적 특성 |

내한성	보통	내염성	보통
맹아력	강함	토성	사질양토
음양성	양수	양분	보통토
이식	용이	생장속도	빠름
수분	적윤지	근계분포	천근성
내공해성	강함		

| 조경설계적 특성 |

- 1990년대까지는 많이 식재 하였지만, 최근에는 식재가 저조하다. 조형 가이즈까향으로 식재 하는 것보다는 자연형 가이즈까향나무로 사용하면 좋은 소재이다.

배식장소

- 건축물 주요 부분의 경관식재, 초점식재, 건축물 측벽 및 서향 벽의 온도저감식재
- 공원 및 녹지의 경관식재, 초점식재, 외곽 녹지의 경관식재

실화백

Chamaecyparis pisifera 'Filifera'
상록침엽교목/ 측백나무과

작은 가지가 실처럼 길게 늘어지는 화백나무라서 실화백이다.

수피 빨간빛을 띠는 갈색으로 세로로 얇게 벗겨진다.

열매 9~10월, 지름 0.6㎝, 갈색의 열매가 달린다.

잎 비늘잎이다.

| 형태적 특성 |

성장 5~6m
수형 원추형

| 분포도 |

중부, 남부, 남해안지방

| 생태적 특성 |

내한성	보통	**내염성**	보통
맹아력	강함	**토성**	사질양토
음양성	중용수	**양분**	비옥토
이식	용이	**생장속도**	빠름
수분	가리지 않음	**근계분포**	천근성
내공해성	강함		

| 조경설계적 특성 |

- 가는 가지가 길게 자라 밑으로 처지며, 봄철의 새순이 올라올 때 옅은 녹색이 아름답다.

배식장소

- 건축물 주변 주요 부분의 경관식재, 초점식재
- 공원 및 녹지의 초점식재, 경관식재

02 낙엽침엽교목

은행나무

Ginkgo biloba L.
낙엽침엽교목/ 은행나무과/ 압각수/ 공손수/ 행자목

살아있는 화석 은행나무는 세계적으로 1속 1종뿐인 식물이다.

앞면

뒷면

잎 길이 4~5 cm, 잎의 앞 · 뒷면 구분이 명확하지 않다.

수피 세로로 회색빛을 띠는 갈색의 홈이 있다.

꽃 4~5월, 수나무와 암나무로 구분되며, 수꽃은 짧은 가지에 잎과 함께 피며, 암꽃은 눈에 잘 보이지 않는다.

열매 10~11월, 길이 1.5~2.5 cm, 짙은 노란색 열매는 식용이 가능하나, 씨앗을 감싸고 있는 종피에 의해 고약한 냄새가 난다.

잎 어긋나기이며, 단풍은 노란색으로 매우 아름답다.

| 분포도 |

북부, 중부, 남부, 남해안지방

| 뿌리모양 |

수령 40년생, 흉고직경 30cm, 수고 14m의 은행나무 뿌리

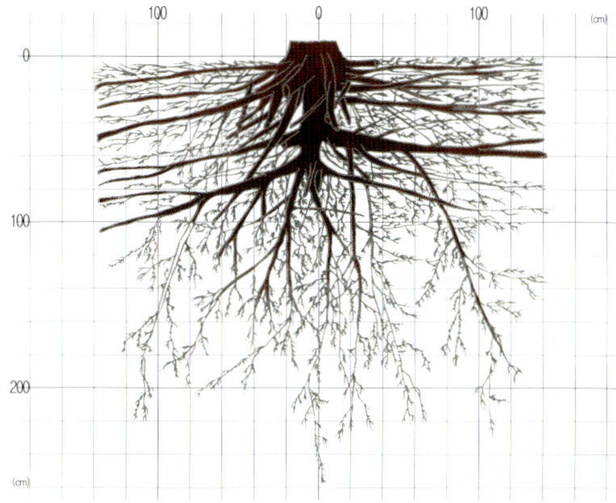

수직뿌리 심근성 **수평뿌리** 중간형 **잔뿌리** 많다

| 형태적 특성 |

성장 15~30m
수형 원정형

| 생태적 특성 |

내한성	강함	**내공해성**	강함
맹아력	강함	**내염성**	약함
음양성	양수	**토성**	사질양토
이식	용이	**양분**	비옥토
수분	적윤지~건조지	**생장속도**	느림

| 조경설계적 특성 |

- 수형과 단풍이 아름다워 가로수 및 경관수로 식재하며, 매우 크게 자라기에 학교, 공원 등의 독립수로 식재
- 수나무는 가지가 올라가며, 암나무는 가지가 아래로 늘어지는 경향이 있다.

배식장소

- 건축물 주변 독립수의 초점식재, 녹음식재, 경관식재, 상징식재
- 공원 및 녹지의 유도식재, 녹음식재, 초점식재, 상징식재
- 사람의 통행이 많은 가로에는 수나무를 식재

은행나무의 특징

- 조선시대 선비 집의 기념수, 공자를 기념하는 문묘공간의 상징수로 식재하였다.
- 불교와 관련 있어 사찰에 식재하였다.
- 생명력과 장수를 상징하는 나무로 사용하였다.
- 환경정화수종이다.(공장, 도로변)
- 전통조경수종으로 사용 가능하다.(학문의 상징, 끈질긴 생명력과 장수 상징)

메타세쿼이아

Metasequoia glyptostroboides Hu et Cheng
낙엽침엽교목/ 낙우송과

은행나무나 소철처럼 살아 있는 화석이라 불리는 '메타세쿼이아'는 1946년에 세상에 부활하였다.

잎 길이 10~23mm, 너비 1.5~2mm, 잎의 앞뒷면 구분이 명확하지 않으며, 잎이 두 줄로 깃털처럼 배열되어있다.

수피 빨간빛을 띠는 갈색의 수피가 세로로 갈라지며, 울퉁불퉁하다.

열매 10월, 갈색, 길이 16~23mm

잎 마주나기이며, 단풍은 노란빛을 띠는 갈색으로 아름답다.

겨울의 메타세쿼이아

| 분포도 |

중부, 남부, 남해안지방

| 뿌리모양 |

수령 25년생, 흉고직경 24cm, 수고 8m의 메타세쿼이아 뿌리

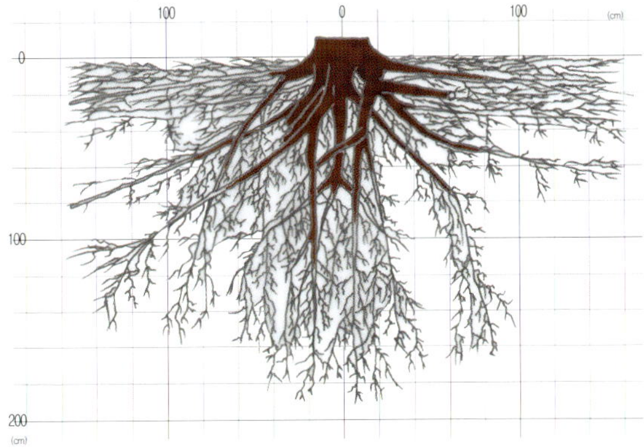

수직뿌리 심근성 **수평뿌리** 집중형 **잔뿌리** 많다

| 형태적 특성 |

성장 20~30m
수형 좁은 원추형

| 생태적 특성 |

내한성	보통	**내공해성**	보통
맹아력	약함	**내염성**	보통
음양성	양수	**토성**	사질양토
이식	보통	**양분**	비옥토
수분	습윤지	**생장속도**	매우 빠름

| 조경설계적 특성 |

- 원추형의 수형이 단정하고 웅장하여 가로수, 경관수로 식재한다.

배식장소

- 건축물 주변의 초점식재, 유도식재, 건축물 측벽 및 서향 벽의 온도저감식재
- 공원에 열식, 대식으로 테마공간의 경관식재 및 유도식재
- 녹지의 가로열식 및 점식에 의한 경관식재, 가로수식재

메타세쿼이아의 특징

- 겨울눈이 움직이기 전에 식재하면 잘 자라며, 이식 후 관수에 주의하여야 한다.
- 잎이 떨어진 수형도 아름답다.

낙우송

Taxodium distichum (L) Rich.
낙엽침엽교목/ 낙우송과/ 수송

깃이 떨어지는 소나무를 낙우송(落羽松)이라 한다.

잎 길이 15~20mm, 잎은 깃털 같이 부드러우며, 앞뒷면 구분이 명확하지 않다.

수피 빨간빛을 띠는 갈색으로 작은 조각으로 갈라진다.

열매 9~10월, 길이 16~23mm, 가지 끝에 붙어 가을에 검은빛을 띠는 갈색으로 변한다.

기근 오래된 나무는 뿌리에서 기근이 올라온다.

잎 어긋나기이며, 단풍은 노란빛을 띠는 갈색으로 아름답다.

| 분포도 |

중부, 남부,남해안지방

| 뿌리모양 |

수령 40년생, 흉고직경 26cm,수고 15m의 낙우송 뿌리

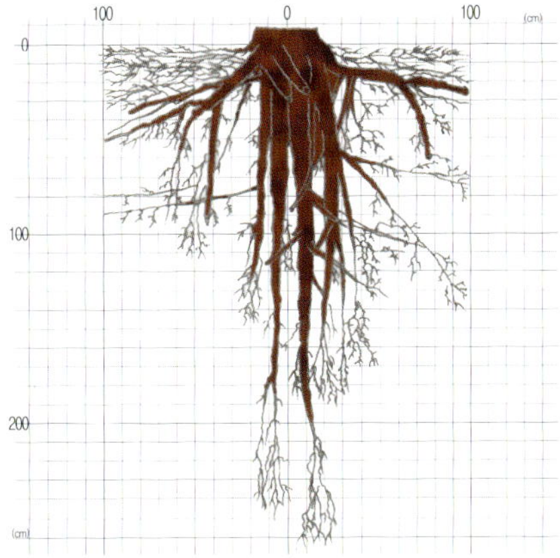

수직뿌리 심근성 **수평뿌리** 중간형 **잔뿌리** 많다

| 형태적 특성 |

성장 20~30m
수형 넓은 원추형

| 생태적 특성 |

내한성	보통	**내공해성**	보통
맹아력	약함	**내염성**	보통
음양성	양수	**토성**	사질양토
이식	불량	**양분**	비옥토
수분	습윤지	**생장속도**	빠름

| 조경설계적 특성 |

- 내습성이 탁월해 물속이나 저습지의 경관수로 사용한다.

배식장소

- 건축물 주변 연못 등 수변공간의 초점식재
- 공원 및 녹지의 연못, 호수 등 물가 주변 및 물속의 경관식재, 초점식재
- 공원 및 녹지의 열식, 대식으로 테마공간의 경관식재, 유도식재

낙우송의 특징

- 오래된 나무에서는 기근(氣根)이 올라오며, 물속이나 저습지에서는 밑둥치가 매우 굵어진다.
- 잎이 떨어진 수형도 아름답다.

03 상록활엽교목

가시나무

Quercus myrsinifolia Bl.
상록활엽교목/ 참나무과

가시나무에는 가시가 없다.

앞면

뒷면

잎 길이 7~12㎝, 너비 1.5~3㎝, 끝이 뾰족하며 가장자리에 톱니가 있고, 잎의 앞면이 뒷면보다 녹색빛이 짙다.

수피 검은자주빛을 띠는 갈색이다.

열매 10월, 길이 1.5~1.7㎝의 열매가 갈색으로 익으며, 도토리로 식용 가능하다.

잎 어긋나기이다.

| 분포도 |

남부, 남해안지방

| 뿌리모양 |

수령 40년생, 흉고직경 22㎝, 수고 15m의 가시나무 뿌리

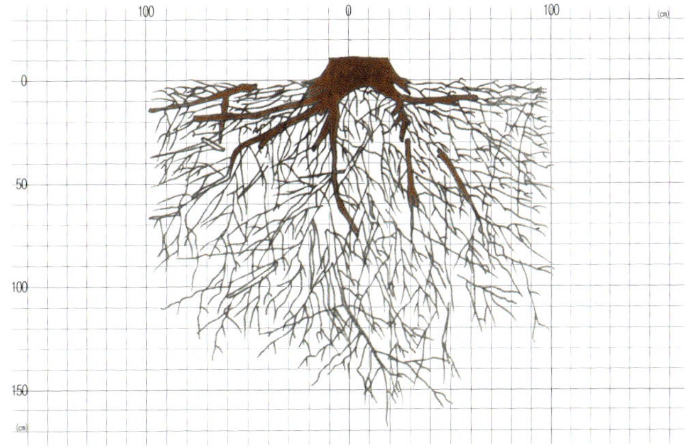

수직뿌리 중근성 **수평뿌리** 집중형 **잔뿌리** 적다

| 형태적 특성 |

성장 15~30m
수형 원정형

| 생태적 특성 |

내한성	약함	**내공해성**	강함
맹아력	강함	**내염성**	강함
음양성	중용수→양수	**토성**	가리지 않음
이식	불량	**양분**	보통토
수분	건조지	**생장속도**	빠름

| 조경설계적 특성 |

- 수형이 아름다우며 내염성이 강해 해안의 공원 및 정원의 경관수로 적합하다.

배식장소

- 남부지방의 건축물 주변 경관식재, 주요 지점 및 단지입구, 주거동 전면의 경관식재, 녹음식재, 방화식재, 건축물 측벽 및 서향 벽의 온도저감식재
- 공원 및 녹지의 경관식재, 초점식재, 외곽 녹지의 주연부식재
- 건조에 잘 견디며, 토성을 가리지 않기에 경사지, 척박지, 황폐지 등의 경관식재
- 가로수식재

가시나무의 특징

- 가시나무류 중에서 내한성이 가장 강하다.
- 환경정화수종이다.(공장, 도로변. 주택가)

구실잣밤나무

Castanopsis cuspidata var. *sieboldii* Nak.
상록활엽교목/ 참나무과/ 잣밤나무/ 땟밤나무/ 구슬잣밤나무

구슬 같은 밤이 열린다고 하여 구실잣밤나무이다.

앞면

뒷면

잎 길이 6~12㎝, 너비 3~7㎝, 잎 뒷면은 회색빛을 띠는 갈색으로 톱니가 있거나 밋밋하다.

수피 짙은 회색이며, 세로로 갈라진다.

열매 10월, 길이 1.5~2㎝, 갈색으로 달린다.

잎 어긋나기이다.

| 분포도 |

남해안지방

| 뿌리모양 |

수령 55년생, 흉고직경 25㎝, 수고 15m의 구실잣밤나무 뿌리

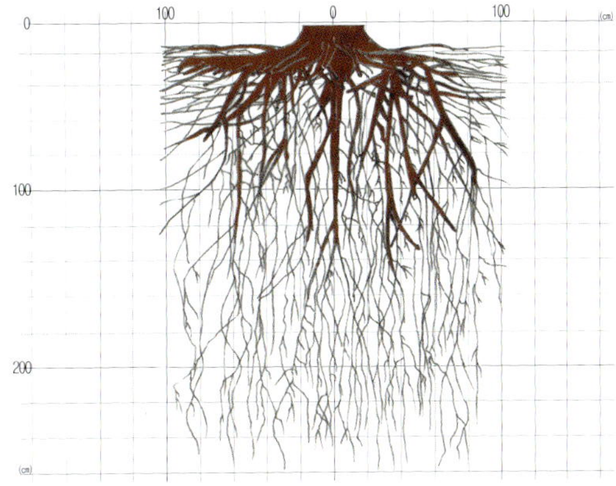

수직뿌리 심근성 **수평뿌리** 중간형 **잔뿌리** 적다

| 형태적 특성 |

성장 15~25m
수형 원정형

| 생태적 특성 |

내한성	매우 약함	**내공해성**	강함
맹아력	강함	**내염성**	강함
음양성	음수→양수	**토성**	사질양토
이식	용이	**양분**	비옥토
수분	건조지	**생장속도**	빠름

| 조경설계적 특성 |

- 수관폭이 넓고 지하고가 높아 남해안 지방의 가로수식재, 녹음식재로 사용한다.

배식장소

- 남해안지방 건축물 주변 경관식재, 단지 입구의 초점식재 및 쉼터의 녹음식재, 방화식재
- 공원 및 녹지의 녹음식재, 경관식재, 초점식재
- 가로수 식재

구실잣밤나무의 특징

- 밤나무와 비슷한 꽃이 나무 전체에 피지만 아름답지 못하다.
- 잎이 두껍고 치밀하여 화재 시 방화수종으로 적합하다.

태산목

Magnolia grandiflora L.
상록활엽교목/ 목련과/ 큰목련꽃

태산목은 상록 목련이다.

앞면

뒷면

잎 길이 12~23cm, 너비 5~10cm, 잎 표면은 짙은 녹색으로 윤택이 있고 뒷면은 다갈색의 털이 밀생한다.

수피 회색빛을 띠는 갈색으로 피목이 발달하였다.

꽃 5~6월, 지름 15~20cm, 흰색으로 피며, 짙은 향기가 난다.

열매 9~10월, 길이 7~9cm, 빨간색 열매로 익는다.

잎 어긋나기이다.

| 분포도 |

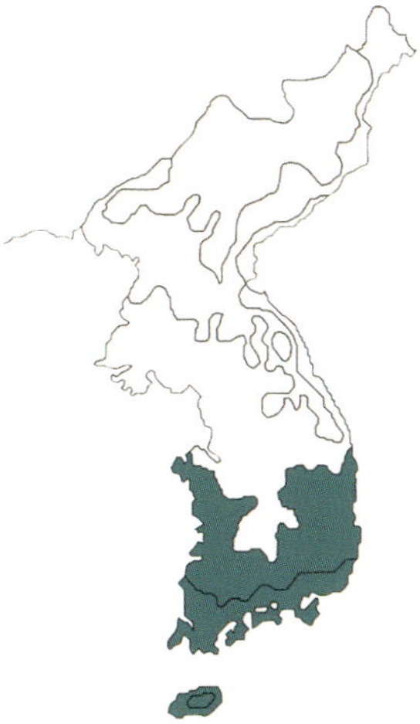

남부, 남해안지방

| 뿌리모양 |

수령 40년생, 흉고직경 48㎝, 수고 13m의 태산목 뿌리

수직뿌리	중근성	수평뿌리	집중형	잔뿌리	많다

| 형태적 특성 |

성장	10~20m
수형	타원형

| 생태적 특성 |

내한성	약함	내공해성	보통
맹아력	약함	내염성	강함
음양성	중용수→양수	토성	사질양토
이식	불량	양분	비옥토
수분	적윤지	생장속도	빠름

| 조경설계적 특성 |

- 광택의 잎과 흰색의 큰 꽃에서 나는 진한 향기의 수목으로 경관수로 적합하다.

배식장소

- 건축물 주요 지점의 초점식재, 유도식재
- 공원 및 녹지의 초점식재, 유도식재

태산목의 특징

- 우리나라에서 자라는 목련류 중 유일하게 상록수이다.
- 이식이 불량하기에 뿌리돌림을 철저히 하여야 한다.
- 잎이 두껍고 매우 크기에 화재 시 방화수종으로 적합하다.
- 환경정화수종이다.(공장, 도로변, 주택가)

녹나무

Cinnamomum camphora Sieb.
상록활엽교목/ 녹나무과/ 장뇌목/ 향장

새로 나오는 가지가 녹색이어서 녹나무이다.

앞면

뒷면

잎 길이 6~10㎝, 너비 3~6㎝, 양면에 털이 없고 파상의 톱니가 있다.

수피 노란빛을 띠는 갈색으로 세로로 불규칙하게 갈라진다.

꽃 5월, 흰색→짙은 노란색으로 변하는 매우 작은 꽃이 핀다.

열매 10월, 지름 8㎜, 검은색 열매가 익는다.

잎 어긋나기이다.

| 분포도 |

남해안지방

| 뿌리모양 |

수령 40년생, 흉고직경 30㎝, 수고 17m의 녹나무 뿌리

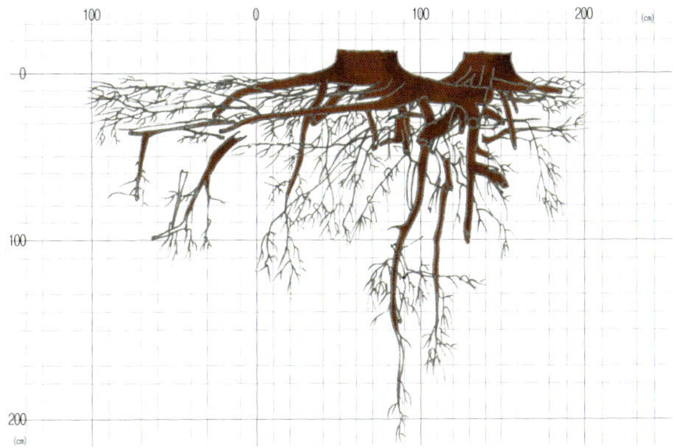

수직뿌리 중근성 **수평뿌리** 분산형 **잔뿌리** 적다

| 형태적 특성 |

성장 20~30m
수형 원정형

| 생태적 특성 |

내한성	매우 약함	**내공해성**	약함
맹아력	강함	**내염성**	보통
음양성	중용수→양수	**토성**	사질양토
이식	불량	**양분**	비옥토
수분	적윤지	**생장속도**	빠름

| 조경설계적 특성 |

• 원정형의 수형이 아름다워 공원의 녹음수, 가로수 등으로 사용한다.

배식장소

• 건축물 입구의 독립수, 주요 지점에 단식으로 초점식재, 녹음식재
• 공원 및 녹지의 녹음식재, 초점식재, 기념수식재
• 가로수식재

녹나무의 특징

• 녹나무는 수피가 약해 상처를 받기 쉽기에 이식 시 수피 보호를 철저하게 하여야 한다.
• 상록수인데도 푸른잎 중간중간에 섞여 있는 빨간 단풍잎이 매우 매혹적이다.
• 환경정화수종이다.(공장, 도로변, 주택가)

후박나무

Machilus thunbergii S. et Z.
상록활엽교목/ 녹나무과/ 후피/ 중피/ 열박/ 적박

잎이 두터워 두터울 후(厚)를 사용하여 이름이 후박나무이다.

잎 길이 7~15㎝, 너비 3~7㎝, 크고 두꺼우며, 광택이 나고 가장자리는 밋밋하다.

수피 녹색빛을 띠는 갈색이며 매우 두텁다.

꽃 5~6월, 지름 1㎝, 노란빛을 띠는 녹색으로 핀다.

열매 8~9월, 다음해 7월에 검은빛을 띠는 자주색으로 익으며, 지름 1.4㎝로서 둥글다.

잎 어긋나기이며, 가지 끝에 모여 있는 것이 특징이고, 봄에 빨간색으로 새로 나는 잎이 아름답다.

| 분포도 |

남부, 남해안지방

| 뿌리모양 |

수령 50년생, 흉고직경 26㎝, 수고 12m의 후박나무 뿌리

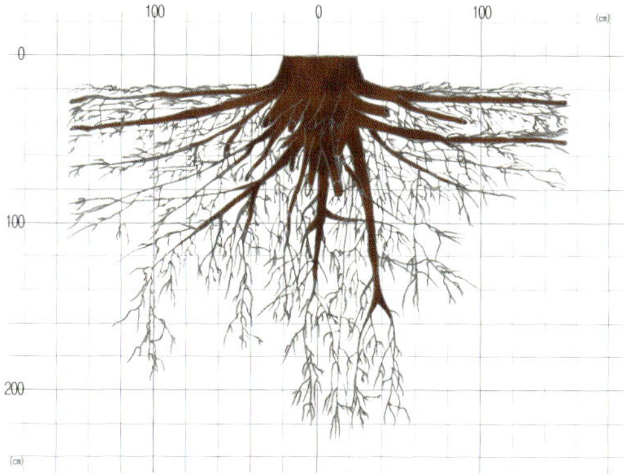

수직뿌리 중근성 수평뿌리 집중형 잔뿌리 보통

| 형태적 특성 |

성장 15~20m
수형 원정형

| 생태적 특성 |

내한성	약함	내공해성	강함
맹아력	강함	내염성	강함
음양성	음수→양수	토성	사질양토, 식양토
이식	용이	양분	비옥토
수분	적윤지	생장속도	빠름

| 조경설계적 특성 |

- 빨간색의 새잎과 녹색의 묵은 잎이 섞여 아름답고, 수형이 단정하여 경관수로 사용한다.

배식장소

- 건축물 주요 지점의 초점식재, 경관식재, 녹음식재, 방풍식재, 건축물 측벽 및 서향 벽의 온도저감식재
- 공원 및 녹지의 초점식재, 녹음식재, 방풍식재
- 가로수식재

후박나무의 특징

- 남해안 바닷가 마을의 당산목이나 정자목으로 사용한다.
- 잎이 두텁고 치밀하여 방화수종으로 적합하다.
- 환경정화수종이다.(공장, 도로변, 주택가)

굴거리나무

Daphniphyllum macropodum Miq.
상록활엽교목/ 대극과/ 만병초/ 청대동

굴거리나무의 특징은 잎자루가 빨간색이다.

잎 길이 12~20㎝, 너비 4~6㎝, 앞면은 녹색이며, 뒷면은 회색빛을 띠는 흰색이다.

수피 녹색→회색으로 변하며, 세로로 얕게 갈라진다.

꽃 4~5월, 빨간색 꽃이 핀다.

열매 10~11월, 지름 1㎝, 검은빛을 띠는 파란색으로 익는다.

잎 어긋나기이다.

| 분포도 |

남부, 남해안지방

| 뿌리모양 |

수령 50년생, 흉고직경 22㎝, 수고 15m의 굴거리나무 뿌리

수직뿌리 천근성 **수평뿌리** 중간형 **잔뿌리** 많다

| 형태적 특성 |

성장 5~10m
수형 불규칙

| 생태적 특성 |

내한성	약함	**내공해성**	보통
맹아력	약함	**내염성**	보통
음양성	음수	**토성**	사질양토
이식	보통	**양분**	비옥토
수분	적윤지	**생장속도**	보통

| 조경설계적 특성 |

• 수형이 이색적이어서 남부지방의 경관수로 사용하면 좋다.

배식장소

• 건축물 주변 주요 지점의 초점식재, 군식으로 경관식재, 건축물의 예각완화식재
• 공원 및 녹지의 유도식재 및 경관식재, 초점식재

굴거리나무의 특징

• 추울 때는 잎이 하부로 처진다.
• 이식 시 수피가 약하여 수피손상에 주의하며, 이식 후 관수를 철저하게 하여야 한다.

먼나무

Ilex rotunda Thunb.
상록활엽교목/ 감탕나무과/ 좀감탕나무

나무의 수피가 검어서 먹물 같다고 먼나무, 먼 나라의 나무라서 먼나무인가?

앞면

뒷면

잎 길이 4~10㎝, 너비 3~4㎝, 뒷면 엽맥이 돌출되어 있고, 가장자리가 밋밋하다.

수피 회색빛을 띠는 갈색이며, 매끈하다.

꽃 5~6월, 암수딴그루이며, 옅은 자주색으로 피며, 향기가 좋다.

열매 11~12월, 5~8㎜, 작은 열매가 빨간색으로 나무 전체를 덮는다.

잎 어긋나기이다.

| 분포도 |

남해안지방

| 뿌리모양 |

수령 50년생, 흉고직경 26㎝, 수고 8m의 먼나무 뿌리

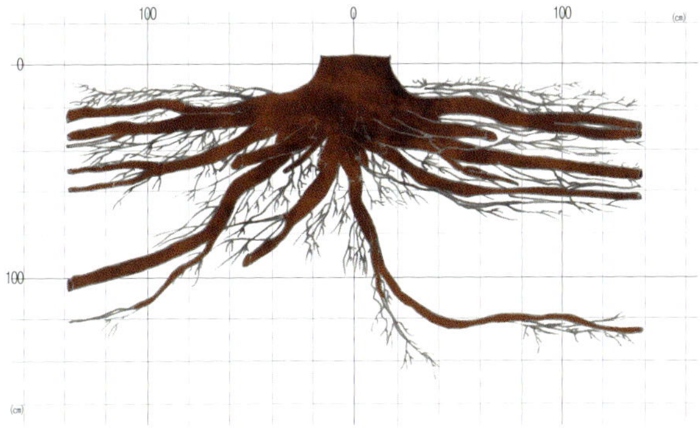

수직뿌리 천근성 수평뿌리 분산형 잔뿌리 보통

| 형태적 특성 |

성장 10~15m
수형 원형

| 생태적 특성 |

내한성	매우 약함	내공해성	강함
맹아력	보통	내염성	강함
음양성	중용수	토성	사질양토
이식	보통	양분	비옥토
수분	적윤지	생장속도	느림

| 조경설계적 특성 |

- 열매가 나무 전체를 덮기에 겨울철 경관수로 적합하다.

배식장소

- 건축물 주요 부분의 경관식재, 초점식재, 녹음식재
- 공원 및 녹지의 경관식재, 초점식재, 녹음식재
- 가로수식재

먼나무의 특징

- 먼나무의 열매는 9월에 빨간색으로 익어 겨울이 지나면서 더욱 빨개져 다음 해 4~5월까지 달려 있으며, 매우 아름답다.
- 이식 시 당년에는 낙엽이 지고 다음 해에 새싹이 나며, 이식 후 관수를 철저하게 하여야 한다.
- 잎이 두텁고 치밀하여 방화수종으로 적합하다.
- 환경정화수종이다.(공장, 도로변, 주택가)

담팔수

Elaeocarpus sylvestris var. *ellipticus* (Thunb.) H. Hara
상록활엽교목/ 담팔수과

담팔수는 열대와 아열대지방에서 자라는 수종이다.

잎 길이 12~15cm, 너비 1.5~4.5cm, 가장자리는 물결 모양의 톱니가 있으며, 뒷면은 회색빛을 띠는 녹색이다.

수피 회색이며, 얕게 갈라지며, 껍질눈이 있다.

꽃 7~8월, 길이 10cm의 흰색 꽃이 핀다.

열매 9~10월, 지름 2cm의 검은빛을 띠는 파란색으로 익는다.

잎 어긋나기이다.

| 분포도 |

남해안지방

| 뿌리모양 |

수령 32년생, 흉고직경 22㎝, 수고 9m의 담팔수 뿌리

수직뿌리 중근성 **수평뿌리** 중간형 **잔뿌리** 많다

| 형태적 특성 |

성장 10~15m
수형 우산형

| 생태적 특성 |

내한성	매우 약함	**내공해성**	보통
맹아력	보통	**내염성**	강함
음양성	음수	**토성**	사질양토
이식	용이	**양분**	비옥토
수분	적윤지	**생장속도**	빠름

| 조경설계적 특성 |

- 수형이 정연하고 잎의 색이 특이하여 경관수로 적합하다.

배식장소

- 건축물 주요 지점의 초점식재, 경관식재, 유도식재
- 공원 및 녹지의 초점식재, 유도식재, 경관식재

담팔수의 특징

- 짙은 녹색의 잎에 빨간색으로 물든 묵은 잎이 일 년 내내 섞여 있어 이색적인 느낌이 난다.
- 제주도 천지연폭포 주변에서 자생한다.

후피향나무

Ternstroemia japonica Thunb.
상록활엽(소)교목/ 차나무과

넓은 잎 향나무여서 후피향나무인가?

잎 길이3~7cm, 너비 1.5~2.5cm
잎자루가 빨간색인 것이
특징이다.

꽃 7월, 지름 2cm의 짙은 노란빛을 띠는 흰색의 작은 꽃이 핀다.

열매 10월, 지름 1.2~1.5cm의 빨간색의 열매가 익어서 짙은 빨간색의 종자를 들어낸다.

잎 어긋나기이며, 가지 끝에 모여서 난다.

| 분포도 |

남해안지방

| 뿌리모양 |

수령 30년생, 흉고직경 12㎝, 수고 3m의 후피향나무 뿌리

수직뿌리 천근성　　**수평뿌리** 집중형　　**잔뿌리** 많다

| 형태적 특성 |

성장 5~10m
수형 타원형

| 생태적 특성 |

내한성	매우 약함	**내공해성**	보통
맹아력	보통	**내염성**	보통
음양성	양수	**토성**	가리지 않음
이식	불량	**양분**	비옥토
수분	적윤지	**생장속도**	느림

| 조경설계적 특성 |

- 수형을 다듬지 않아도 정연한 형태가 되기에 경관수로 적합하다.

배식장소

- 건축물 주요 녹지의 독립수로 초점식재, 군식으로 유도식재, 건축물의 예각완화식재
- 공원 및 녹지의 독립수로 초점식재, 군식으로 유도식재, 모서리식재

후피향나무의 특징

- 맹아력은 평범하나 전정을 하지 말고 자연적인 수형으로 키우는 것이 아름답다.

동백나무

Camellia japonica L.
상록활엽(소)교목/ 차나무과/ 명산다/ 다화/ 천다수/ 산다

동백나무는 산에 사는 차나무라는 뜻이다.

앞면

뒷면

잎 길이 5~12㎝, 너비 3~7㎝
잎 끝이 뾰족하며,
가장자리에 물결 모양의
작은 톱니가 있으며,
잎이 두껍고 질기고
반들반들하다.

수피 회색으로 매끈하며,
줄기는 껍질눈이
발달하였다.

꽃 11월 중순~다음 해 5월
말까지 피는 꽃은
지름 5~ 6㎝이며,
분홍색, 빨간색이다.

열매 9~10월, 지름 3~4㎝,
검은빛을 띠는
갈색으로 익는다.

잎 어긋나기이다.

| 분포도 |

중부해안, 남부, 남해안지방

| 뿌리모양 |

수령 40년생, 흉고직경 18㎝, 수고 7m의 동백나무 뿌리

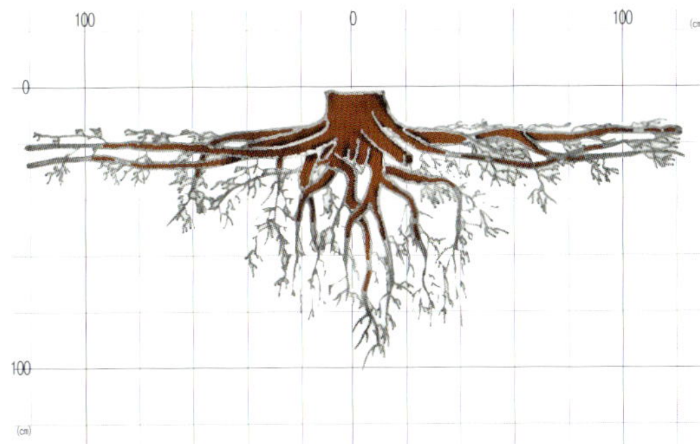

수직뿌리 천근성 **수평뿌리** 집중형 **잔뿌리** 적다

| 형태적 특성 |

성장 10~15m
수형 원형

| 생태적 특성 |

내한성	매우 약함	**내공해성**	강함
맹아력	강함	**내염성**	강함
음양성	중용수	**토성**	사질양토, 식토
이식	보통	**양분**	비옥토
수분	건조지	**생장속도**	느림

| 조경설계적 특성 |

- 꽃이 약 7개월 동안 피며, 수형이 정연하여 경관수로 적합하다.

배식장소

- 건축물 주요 지점의 초점식재, 경관식재, 울타리식재, 건축물의 예각완화식재
- 공원 및 녹지의 초점식재, 경관식재, 유도식재, 울타리식재

동백나무의 특징

- 꽃이 떨어질 때는 꽃잎이 하나둘씩 따로 떨어지는 것이 아니라 꽃 전체가 통째로 떨어지는 특성이 있기에 사옥(社屋)의 기념수로는 기피한다.
- 우리나라 난대림의 대표수종이다.
- 잎이 두텁고 치밀하기에 방화수종으로 적합하다.
- 전통조경수종으로 사용 가능하다.

비파나무

Eriobotrya japonica Lindl.
상록활엽(소)교목/ 장미과

비파나무는 잎 모양이 악기 비파를 닮아 붙여진 이름이다.

잎 길이 15~22㎝, 너비 3~5㎝, 잎의 엽맥이 뚜렷하며, 뒷면은 옅은 갈색의 털로 덮여 있고, 가장자리는 톱니가 드문드문 있다.

꽃 10~11월, 지름 1㎝, 짙은 노란빛을 띠는 흰색의 꽃이 피며, 향기가 난다.

열매 5~6월, 지름 3~4㎝, 짙은 노란색으로 익으며 식용이 가능하다.

잎 어긋나기이다.

| 분포도 |

남해안지방

| 뿌리모양 |

수령 30년생, 흉고직경 22㎝, 수고 6m의 비파나무 뿌리

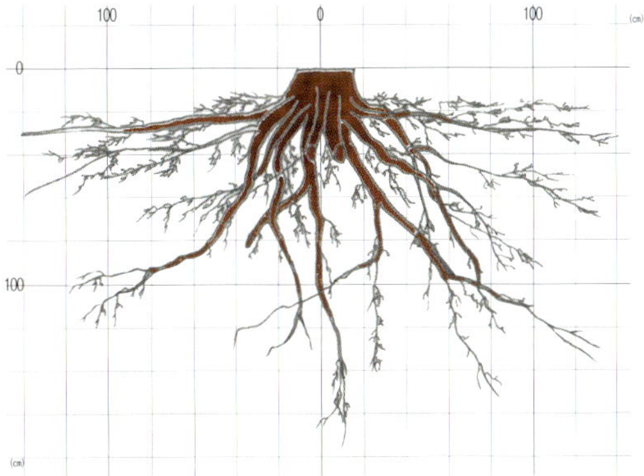

수직뿌리 천근성 수평뿌리 집중형 잔뿌리 많다

| 형태적 특성 |

성장 5~10m
수형 기둥형

| 생태적 특성 |

내한성	매우 약함	내공해성	약함
맹아력	약함	내염성	보통
음양성	양수	토성	사질양토
이식	불량	양분	비옥토
수분	적윤지	생장속도	빠름

| 조경설계적 특성 |

- 잎이 특이하며, 열매가 좋아 경관수로 적합하다.

배식장소

- 건축물 주요 지점의 초점식재, 경관식재, 녹음식재
- 공원 및 녹지의 초점식재, 경관식재, 녹음식재

비파나무의 특징

- 초여름 지름 3~4㎝의 황금색 열매는 매우 아름다우며, 잘 익은 열매는 단맛과 신맛이 동시에 난다.
- 송나라 시인 '소동파'는 비파나무 열매를 즐겨 먹었다.
- 큰나무는 이식이 불량하기에 어린나무를 식재하여 키우는것이 좋다.
- 봄에 새로 피는 잎은 흰 털이 마치 벨벳같은 촉감을 가진다.

홍가시나무

Photinia glabra (Thunb.) Max.
상록활엽(소)교목/ 장미과/ 붉은순나무

신엽(新葉)과 단풍이 빨개서 홍가시나무이다.

잎 길이 5~9㎝, 너비 2~4㎝, 새잎은 빨간색이며, 잎은 좁고 예리한 톱니와 주맥이 뚜렷하다.

꽃 5~6월, 흰색의 작은 꽃들이 모여 지름 7~10㎝의 큰 꽃을 만들어 아름답다.

열매 11월, 지름 5㎜, 작은 열매가 빨간색에서 검은색으로 익는다.

잎 어긋나기이며, 참나무과의 가시나무 잎과 유사하다.

| 분포도 |

남해안지방

| 뿌리모양 |

수령 35년생, 흉고직경 15cm, 수고 6m의 홍가시나무 뿌리

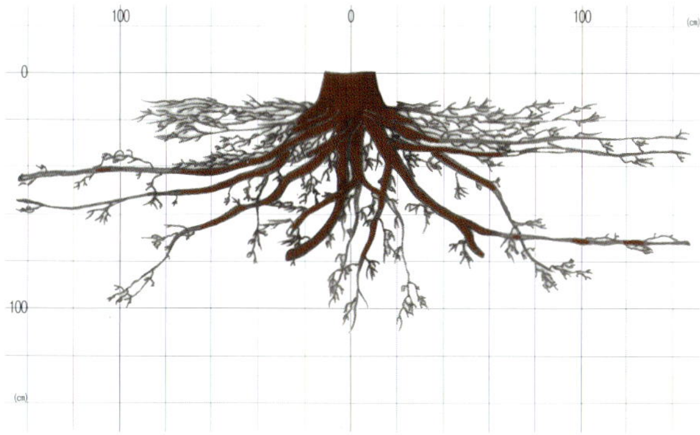

수직뿌리 천근성 **수평뿌리** 집중형 **잔뿌리** 보통

| 형태적 특성 |

성장 5~10m
수형 원형

| 생태적 특성 |

내한성	매우 약함	**내공해성**	강함
맹아력	강함	**내염성**	강함
음양성	중용수	**토성**	가리지 않음
이식	보통	**양분**	비옥토
수분	적윤지	**생장속도**	빠름→느림

| 조경설계적 특성 |

- 봄에 나오는 빨간색의 새잎이 나무 전체를 덮어 경관수로 적합하다.

배식장소

- 건축물 주요 녹지의 독립수로 초점식재, 열식으로 차폐식재, 울타리식재
- 공원 및 녹지의 독립수로 초점식재, 열식으로 차폐식재, 울타리식재

홍가시나무의 특징

- 수형이 불규칙하게 자라지만, 맹아력이 좋아 다양한 형태의 수형으로 만들 수 있다.
- 새순이 올라올 때 홍가시나무의 빨간색은 매우 매혹적이다.
- 맹아력이 강해 전정 후에도 붉은색의 새잎이 잘 돋아난다.

아왜나무

Viburnum awabuck K. Koch.
상록활엽(소)교목/ 인동과

아왜나무는 최상의 방화수종이다.

앞면

뒷면

잎 길이 6~20㎝, 너비 4~8㎝, 잎은 광택이 나며, 가장자리에는 밋밋하거나, 물결 모양의 톱니가 있다.

줄기 지상부에 많은 줄기가 올라오며, 수피는 짙은 회색이다.

꽃 6월, 2쌍의 잎이 있는 어린가지 끝에 흰색과, 옅은 분홍색으로 핀다.

열매 9월, 길이 1㎝, 빨간색→검은색으로 익는다.

잎 마주나기이다.

| 분포도 |

남해안지방

| 뿌리모양 |

수령 30년생, 흉고직경 18㎝, 수고 5m의 아왜나무 뿌리

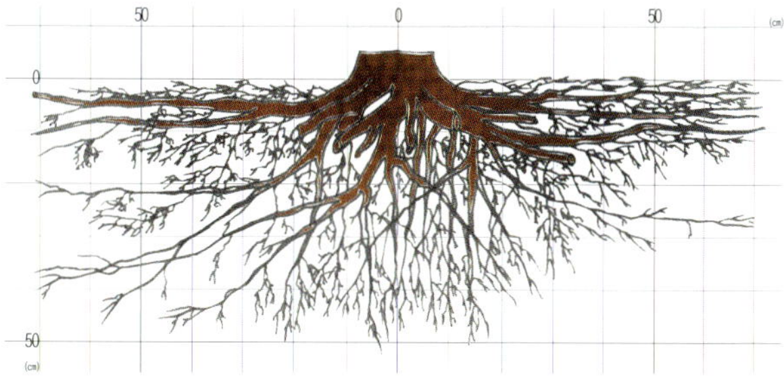

수직뿌리 천근성 **수평뿌리** 중간형 **잔뿌리** 많다

| 형태적 특성 |

성장 5~10m
수형 타원형

| 생태적 특성 |

내한성	매우 약함	**내공해성**	강함
맹아력	강함	**내염성**	강함
음양성	음수	**토성**	가리지 않음
이식	용이	**양분**	비옥토
수분	습윤지	**생장속도**	매우 빠름

| 조경설계적 특성 |

• 잎이 치밀하고 꽃과 열매가 좋아 경관수, 방화수 등 다양한 용도로 사용된다.

배식장소

• 건축물 외곽 녹지의 울타리식재, 방풍식재, 차폐식재, 건축물 측벽 및 서향 벽의 온도저감식재, 방화식재
• 공원 및 녹지의 울타리식재, 생울타리, 유도식재, 방풍식재, 방화식재, 차폐식재

아왜나무의 특징

• 수분을 많이 함유하고 있는 아왜나무는 불이 나면 거품을 내어 차단막 형성을 하기에 방화수종으로 매우 좋다.
• 환경정화수종이다.(공장, 도로변, 주택가)

04 낙엽활엽교목

백목련

Magnolia denudata Desr.
낙엽활엽교목/ 목련과/ 흰가지꽃나무

백목련은 나무에서 피는 흰색 연(蓮)꽃이다.

수피 회색빛을 띠고 흰색으로 매끈하며, 껍질눈이 발달했다.

꽃 3~4월, 길이 5~8cm, 흰색 꽃이 향기가 좋다.

열매 길이 5~7cm, 외피가 짙은 빨간색이다.

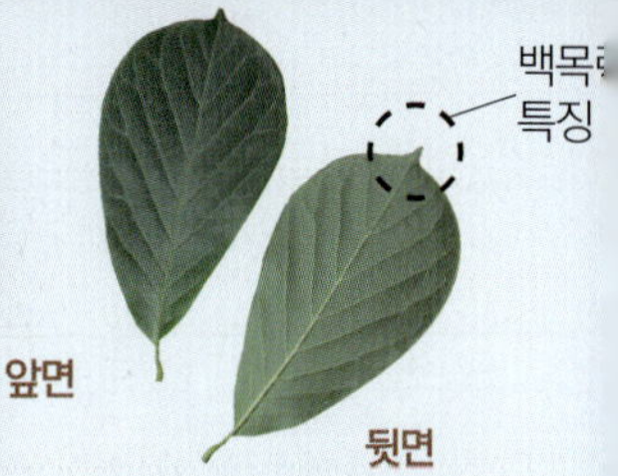

잎 길이 5~15cm, 너비 3~6cm 끝이 뾰족하며, 단풍은 노란빛을 띠는 갈색이다.

| 형태적 특성 |

성장 10~15m
수형 원정형

| 분포도 |

북부, 중부, 남부, 남해안지방

| 생태적 특성 |

내한성	강함	내염성	강함
맹아력	약함	토성	사질양토
음양성	중용수→양수	양분	비옥토
이식	불량	생장속도	빠름
수분	적윤지	근계분포	심근성
내공해성	보통		

| 조경설계적 특성 |

- 이른 봄 잎이 피기전에 흰색의 꽃이 나무 전체를 덮어 봄의 전령수로 적합하다.

배식장소

- 건축물 주요 녹지의 초점식재, 경관식재
- 공원 및 녹지의 초점식재, 외곽 녹지의 경관식재
- 개화기간이 짧고 일시에 꽃이 떨어진다.
- 환경정화수종이다.(주택가)

함박꽃나무

Magnolia sieboldii K. koch
낙엽활엽교목/ 목련과/ 산목련

산에 피는 목련이기에 '산목련' 이라고도 한다.

꽃 5~6월, 지름 7~10cm, 향기가 강하다.

열매 9월, 길이 3~4cm, 빨간색으로 익는다.

잎 어긋나기이며, 길이 6~15cm, 너비 5~10cm, 단풍은 노란색이다.

| 형태적 특성 |

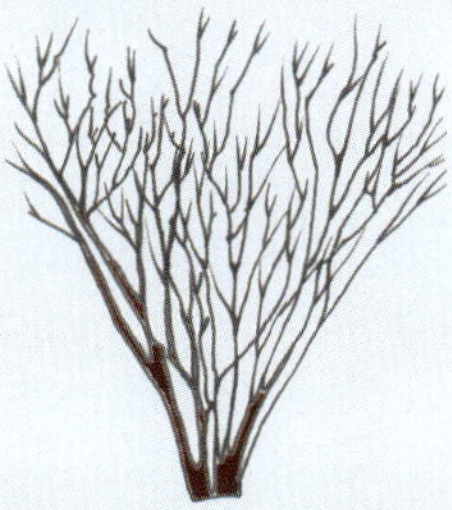

성장 5~10m
수형 부채꼴형

| 분포도 |

북부, 중부, 남부지방

| 생태적 특성 |

내한성	강함	내염성	약함
맹아력	약함	토성	사질양토
음양성	중용수	양분	비옥토
이식	불량	생장속도	빠름
수분	습윤지	근계분포	중근성
내공해성	약함		

| 조경설계적 특성 |

- 꽃과 단풍이 좋아 경관수로 적합하다.

배식장소

- 건축물 주요 녹지의 초점식재, 외곽 녹지의 주연부식재
- 공원 및 녹지의 초점식재, 외곽 녹지의 주연부식재
- 우리나라 전역의 깊은 산에 분포하며 조경용으로 개발 가능하다.
- 생태복원용수종으로 사용 가능하다.

자목련

Magnolia liliflora Desr.
낙엽활엽교목/ 목련과/ 자옥란

자줏빛 목련이라 자목련(紫木蓮)이다.

앞면

뒷면

잎 길이 8~18㎝, 너비 4~11㎝, 양면에 털이 있으나 점차 없어진다.

수피 회색빛을 띠는 흰색으로 매끈하며 껍질눈이 발달했다.

꽃 4~5월, 지름 10㎝ 내외, 꽃잎은 6개, 바깥쪽은 짙은 자주색, 안쪽은 옅은 자주색이다.

잎 어긋나기이며, 단풍은 노란색이다.

| 분포도 |

중부, 남부, 남해안지방

| 뿌리모양 |

수령 25년생, 흉고직경 4㎝, 수고 3m의 자목련 뿌리

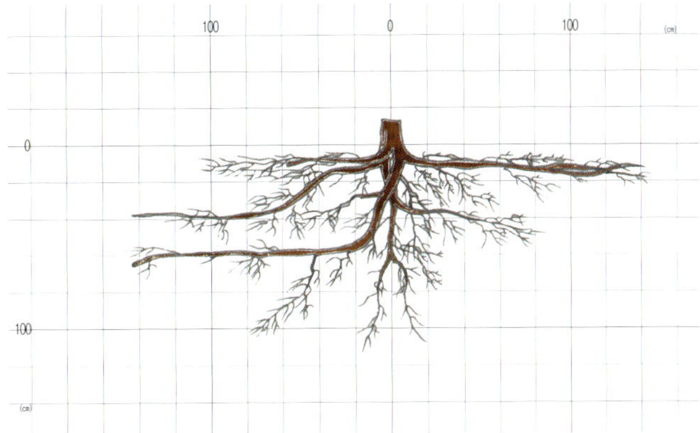

수직뿌리 중근성 **수평뿌리** 분산형 **잔뿌리** 보통

| 형태적 특성 |

성장 4~5m
수형 원정형

| 생태적 특성 |

내한성	보통	**내공해성**	보통
맹아력	약함	**내염성**	약함
음양성	중용수→양수	**토성**	사질양토
이식	불량	**양분**	비옥토
수분	적윤지	**생장속도**	빠름

| 조경설계적 특성 |

- 목련류 중 암자색 꽃이 피는 나무이며, 꽃, 수형, 단풍이 좋기에 경관식재에 적합하다.

배식장소

- 건축물 주요 녹지의 초점식재, 경관식재, 유도식재
- 공원 및 녹지의 초점식재, 경관식재, 유도식재
- 가로수식재

자목련의 특징

- 목련이나 백목련에 비해 개화 시기는 보름에서 한 달 정도 늦다.
- 잎이 나오기 전에 꽃이 피는 것도 있고 잎과 같이 피는 것도 있다.
- 꽃의 모양이 연꽃을 닮아 사찰에서 많이 심는다.
- 옥황상제의 왕비의 무덤에는 자목련이 피었고, 공주의 무덤에는 백목련이 피었다는 전설이 있다.

일본목련

Magnolia obovata Thunb.
낙엽활엽교목/ 목련과

우리나라에서 자라는 목련류 중 잎이 가장 크고 향기가 대단히 진하다.

앞면

뒷면

잎 길이 20~40cm, 너비 13~25cm 표면에 털이 없고 뒷면은 흰색빛을 띤다.

수피 회색빛을 띠는 흰색, 평활하며 껍질눈이 발달했다.

꽃 5~6월, 흰색, 잎이 핀 후 가지 끝에 한개씩 달리며, 향기가 매우 좋다.

열매 9월, 길이 20cm 이상이며, 빨간색으로 익는다.

잎 어긋나기이며, 단풍은 노란빛을 띠는 갈색이다.

| 분포도 |

중부, 남부, 남해안지방

| 뿌리모양 |

수령 45년생, 흉고직경 24cm, 수고 15m의 일본목련 뿌리

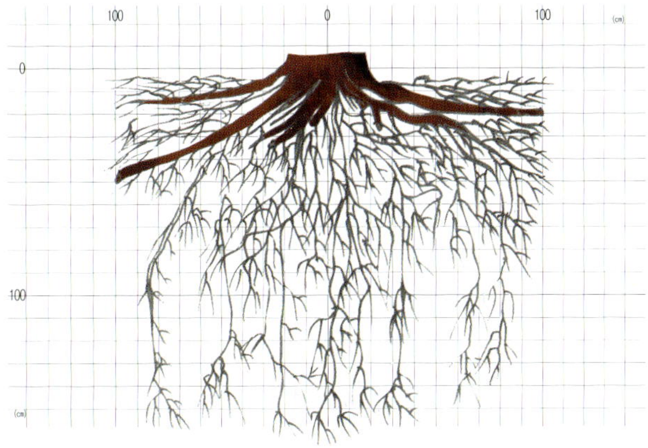

수직뿌리 중근성 **수평뿌리** 분산형 **잔뿌리** 많다

| 형태적 특성 |

성장 10~20m
수형 원정형

| 생태적 특성 |

내한성	보통	**내공해성**	보통
맹아력	약함	**내염성**	약함
음양성	중용수→양수	**토성**	사질양토
이식	불량	**양분**	비옥토
수분	적윤지	**생장속도**	빠름

| 조경설계적 특성 |

- 우아한 꽃, 강렬한 꽃 향기, 장대한 잎, 웅대한 수형으로 여러 용도로 식재가 가능하다.

배식장소

- 건축물 입구 및 주요 녹지의 초점식재, 녹음식재, 유도식재, 경관식재
- 공원 및 녹지의 초점식재, 녹음식재, 유도식재, 경관식재

일본목련의 특징

- 꽃 향기가 매우 강해 수십 미터까지 향기가 퍼진다.
- 매우 크게 자라기 때문에 넓은 공간에 심는 것이 바람직하다.
- 잎이 진 겨울철 가지의 수형이 아름답다.

튤립나무

Liriodendron tulipifera L.
낙엽활엽교목/ 목련과/ 목백합/ 백합나무

튤립나무 잎은 거위 발과 닮았다.

수피 검은색을 띠는 갈색으로 윤곽이 뚜렷하다.

꽃 5~6월, 지름 6cm 튤립 같은 꽃이 핀다.

잎 어긋나기이며, 길이 15cm로 버즘나무와 비슷하며, 단풍은 노란색이다.

| 형태적 특성 |

성장 20~30m
수형 타원형

| 분포도 |

북부, 중부, 남부, 남해안지방

| 생태적 특성 |

내한성	강함	**내염성**	약함
맹아력	보통	**토성**	사질양토
음양성	중용수	**양분**	비옥토
이식	불량	**생장속도**	매우 빠름
수분	적윤지	**근계분포**	심근성→천근성
내공해성	강함		

| 조경설계적 특성 |

- 줄기가 곧게 자라며 단정하고 아름다운 수형을 가져 여러 용도의 수종으로 사용한다.

배식장소

- 매우 크게 자라므로 넓은 장소의 경관식재, 녹음식재, 초점식재
- 건축물 주요 녹지의 경관식재, 초점식재, 녹음식재
- 공원 및 녹지의 경관식재, 초점식재, 녹음식재
- 가로수식재

튤립나무의 특징

- 목재가 약해 가지가 바람에 잘 부러지는 단점이 있다.
- 환경정화수종이다.(공장, 도로변)

대추나무

Ziziphus jujuba var. *inermis* Rehder
낙엽활엽교목/ 갈매나무과

봄에 다른 나무들이 잎을 다 피우고 난후 늦게 잎이 나오기에 양반나무라 한다.

수피 갈색, 세로로 거칠게 갈라진다.

열매 9~10월, 길이 2.5~3.5cm, 짙은 빨간색 열매가 달린다.

꽃 5~6월, 잎 사이에 있어 눈에 잘 띠지 않는다.

앞면

뒷면

잎 어긋나기이며, 길이 2~6cm, 너비 1.0~2.5cm, 잎에 광택이 나며, 단풍은 노란색이다.

| 형태적 특성 |

성장 8~10m
수형 타원형

| 분포도 |

중부, 남부, 남해안지방

| 생태적 특성 |

내한성	보통	내염성	약함
맹아력	강함	토성	사질양토
음양성	중용수	양분	비옥토
이식	보통	생장속도	빠름
수분	가리지 않음	근계분포	천근성
내공해성	보통		

| 조경설계적 특성 |

- 열매가 많이 달려 자손이 번성하라는 의미가 담겨있는 나무이다.

배식장소

- 건축물 주요 녹지의 초점식재, 울타리식재, 상징식재
- 공원 및 녹지의 초점식재, 유도식재, 상징식재
- 열매는 제수용으로 사용하며 식용한다.
- 전통조경수종으로 사용 가능하다.

참느릅나무

Ulmus parvifolia Jacq.
낙엽활엽교목/ 느릅나무과

진짜 느릅나무라는 의미로 참느릅나무이다.

앞면

뒷면

잎 길이 3~5㎝, 너비 2~6㎝, 잎의 뒷면은 털이 없고 가장자리는 단순 톱니이다.

수피 회색빛을 띠는 갈색, 불규칙한 그물처럼 갈라진다.

열매 10월, 길이 10~16㎜, 붉은 끼가 있는 노란색의 열매가 달린다.

잎 어긋나기이며, 단풍은 노란색이다.

| 분포도 |

중부, 남부, 남해안지방

| 뿌리모양 |

수령 50년생, 흉고직경 26cm, 수고 10m의 참느릅나무 뿌리

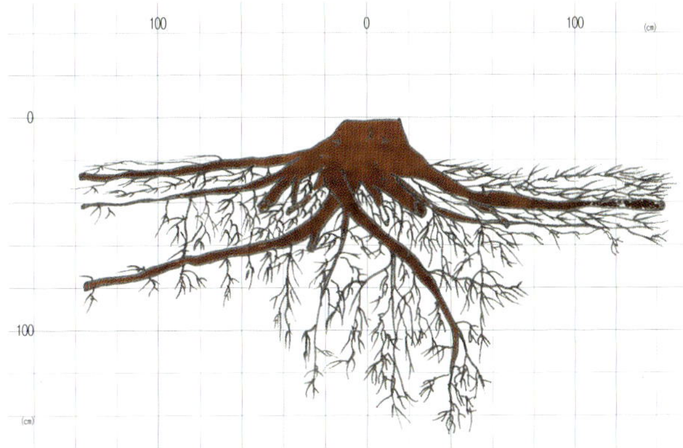

수직뿌리 천근성 **수평뿌리** 분산형 **잔뿌리** 적다

| 형태적 특성 |

성장 20~30m
수형 원정형

| 생태적 특성 |

내한성	보통	**내공해성**	강함
맹아력	강함	**내염성**	강함
음양성	양수	**토성**	사질양토
이식	용이	**양분**	비옥토
수분	습윤지	**생장속도**	느림

| 조경설계적 특성 |

- 수관이 넓게 퍼지고 지하고가 높아 독립수로 사용하면 좋다.

배식장소

- 건축물 주요 녹지의 초점식재, 녹음식재
- 공원 및 녹지의 초점식재, 녹음식재, 유도식재
- 가로수식재

참느릅나무의 특징

- 참느릅나무와 느릅나무의 차이점은 참느릅나무는 가을에 꽃이 피고 열매를 맺으며, 열매는 봄까지 달려 있다.
- 잎이 진 겨울철 곧게 자란 원줄기에서 많은 가지가 사방으로 고루 뻗어 둥글고 단정한 수관의 형태가 매우 아름답다.
- 생태복원용수종으로 사용 가능하다.
- 환경정화수종이다.(공장, 도로변)

느릅나무

Ulmus davidiana var. *japonica* Nak.
낙엽활엽교목/ 느릅나무과/ 봄느릅나무

느릅나무 이름은 힘없이 늘어진다는 의미의 '느름'에서 유래되었다.[1)]

앞면

뒷면

잎 길이 3~10㎝, 너비 2~6㎝, 잎의 표면은 거칠고, 잎의 뒷면은 털이없고 가장자리는 이중 톱니이다.

수피 회색빛을 띠는 갈색, 불규칙한 그물처럼 갈라진다.

열매 4~5월, 지름 10~16㎜, 옅은 갈색의 열매가 달린다.

잎 어긋나기이며, 단풍은 밝은 노란색이다.

| 분포도 |

중부, 남부, 남해안지방

| 뿌리모양 |

수령 50년생, 흉고직경 28㎝, 수고 15m의 느릅나무 뿌리

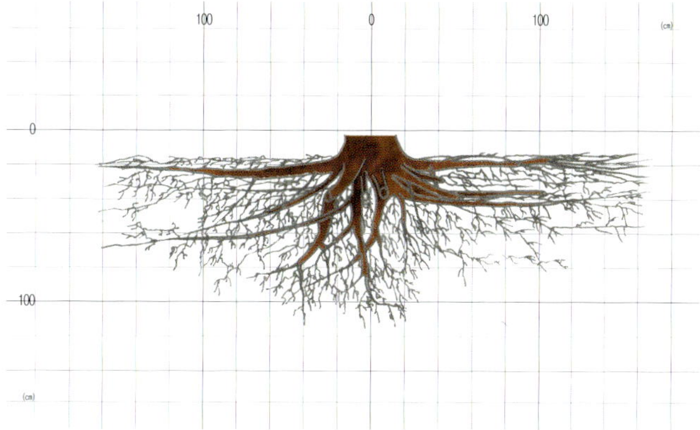

수직뿌리 천근성 **수평뿌리** 분산형 **잔뿌리** 적다

| 형태적 특성 |

성장 20~30m
수형 원정형

| 생태적 특성 |

내한성	보통	**내공해성**	강함
맹아력	강함	**내염성**	강함
음양성	중용수→양수	**토성**	사질양토
이식	용이	**양분**	비옥토
수분	내습성	**생장속도**	느림

| 조경설계적 특성 |

- 수관이 넓게 퍼지고 지하고가 높아 독립수로 사용하면 좋다.

배식장소

- 건축물 주요 녹지의 초점식재, 녹음식재, 유도식재, 경관식재
- 공원 및 녹지의 초점식재, 녹음식재, 유도식재
- 가로수식재

느릅나무의 특징

- 느릅나무는 봄에 꽃이 피고 열매를 맺는다.
- 느릅나무의 목재는 매우 단단하여 각종 농기구, 생활가구로 제작하였다.
- 느릅나무 열매(유전)는 구황식물로 사용되었다.
- 생태복원용수종으로 사용 가능하다.

느티나무

Zelkova serrata Mak.
낙엽활엽교목/ 느릅나무과

느티나무는 21세기를 시작하면서 우리나라에서 '밀레니엄나무' 로 선정되었다.

앞면

뒷면

잎 길이 2~13㎝, 너비 1~2.5㎝, 잎 가장자리는 톱니가 있다.

수피 회색빛을 띠는 갈색, 수피는 오랫동안 밋밋하지만 늙으면서 비늘처럼 떨어진다.

열매 10월, 지름 5㎜, 갈색으로 익는다.

잎 어긋나기이며, 단풍은 노란색 또는 붉은빛을 띠는 갈색이다.

| 분포도 |

북부, 중부, 남부, 남해안지방

| 뿌리모양 |

수령 39년생, 흉고직경 20㎝, 수고 14m의 느티나무 뿌리

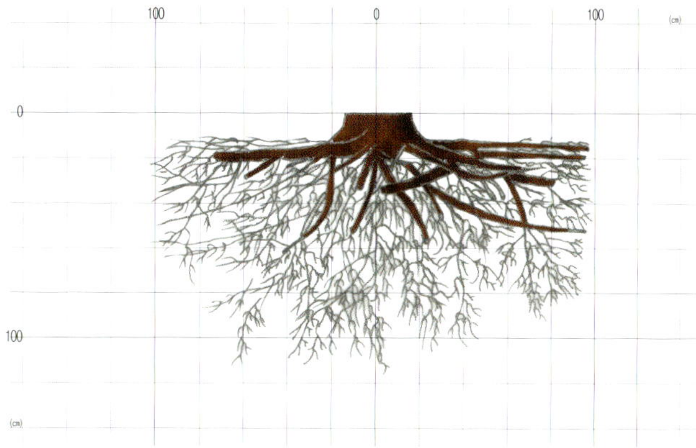

수직뿌리 천근성 **수평뿌리** 분산형 **잔뿌리** 많다

| 형태적 특성 |

성장 20~30m
수형 원정형

| 생태적 특성 |

내한성	강함	**내공해성**	보통
맹아력	강함	**내염성**	약함
음양성	양수	**토성**	사질양토
이식	보통	**양분**	비옥토
수분	적윤지	**생장속도**	빠름

| 조경설계적 특성 |

- 수관이 넓게 퍼지고 지하고가 높아 가장 대표적인 녹음수이다.

배식장소

- 건축물 주요 녹지의 초점식재, 녹음식재
- 공원 및 녹지의 초점식재, 녹음식재
- 가로수식재

느티나무의 특징

- 느티나무는 정자나무로 가장 많이 심어져 왔다.
- 가을 노란색 단풍은 봄철의 눈이 푸르고, 붉은빛 갈색 단풍은 눈이 붉은색이다.
- 매우 크게 자라기 때문에 광장 등 넓은 장소에 식재하여야 한다.
- 생태복원용수종으로 사용 가능하다.
- 환경정화수종이다.(주택가)

팽나무

Celtis sinensis Pers.
낙엽활엽교목/ 느릅나무과/ 포구나무

해안지방의 당산목으로 많이 심었던 나무가 팽나무이다.

잎 길이 4~11㎝, 너비 1.3~6㎝
잎 윗부분에 잔 톱니가 있다.

수피 회색, 줄기가 울퉁불퉁하다.

열매 10월, 지름 7~8㎜, 짙은 빨간색으로 익으며, 조류의 먹이이다.

잎 어긋나기이며, 단풍은 노란색이다.

| 분포도 |

북부, 중부, 남부, 남해안지방

| 뿌리모양 |

수령 40년생, 흉고직경 28㎝, 수고 13m의 팽나무 뿌리

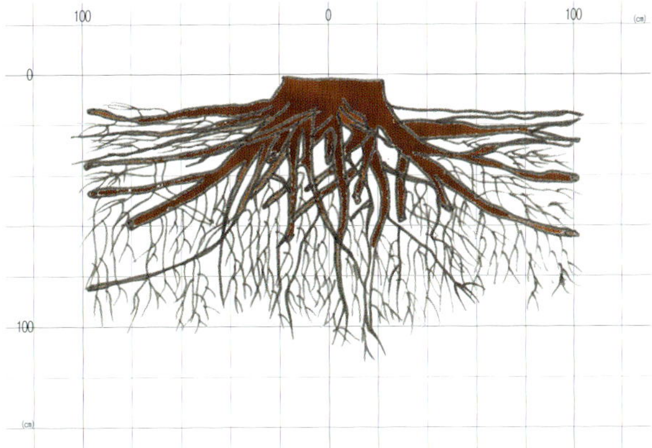

수직뿌리 천근성 **수평뿌리** 분산형 **잔뿌리** 많다

| 형태적 특성 |

성장 15~20m
수형 원정형

| 생태적 특성 |

내한성	강함	**내공해성**	강함
맹아력	강함	**내염성**	강함
음양성	중용수	**토성**	가리지 않음
이식	용이	**양분**	보통토
수분	적윤지	**생장속도**	빠름→느림

| 조경설계적 특성 |

- 원정형의 수형이 아름다워 독립수로 사용하면 좋다.

배식장소

- 건축물 주요 공간의 녹음식재, 초점식재, 경관식재
- 공원 및 녹지의 녹음식재, 초점식재, 경관식재

팽나무의 특징

- 잎과 가지가 치밀해서 녹음효과가 크고, 정자나무로 가장 많이 식재되었다.
- 매우 크게 자라기 때문에 광장 등 넓은 장소에 식재하여야 한다.
- 환경정화수종이다.(주택가)

푸조나무

Aphananthe aspera Planch.
낙엽활엽교목/ 느릅나무과/ 곰병나무/ 평나무

푸조나무는 팽나무와 비슷해 '개팽나무'라고도 불린다.

앞면

뒷면

잎 길이 5~10㎝, 너비 3~6㎝, 끝이 뾰족하고 가장자리에 뾰족한 톱니가 있으며, 잎면이 거칠어 손으로 만지면 껄끄러운 촉감이다.

수피 빨간빛을 띠는 갈색, 세로로 껍질이 얇게 벗겨진다.

꽃 5월, 녹색, 암수한그루, 잎과 같이 핀다.

열매 10월, 지름 7~8㎜, 검은색으로 익는다.

잎 어긋나기이며, 단풍은 노란색이다.

| 분포도 |

남부, 남해안지방

| 뿌리모양 |

수령 50년생, 흉고직경 22cm, 수고 16m의 푸조나무 뿌리

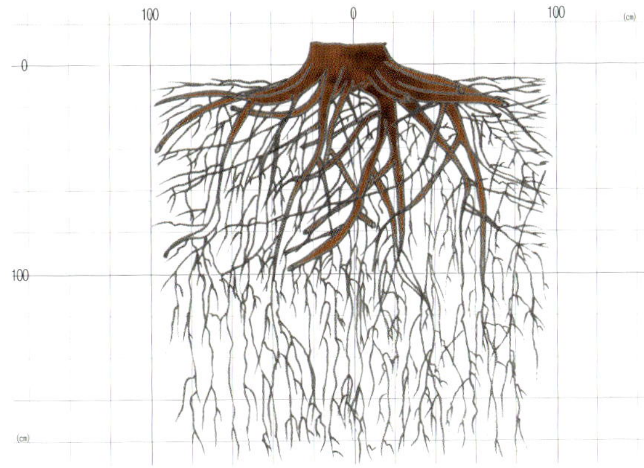

수직뿌리 천근성 **수평뿌리** 분산형 **잔뿌리** 많다

| 형태적 특성 |

성장 20~30m
수형 원정형

| 생태적 특성 |

내한성	약함	**내공해성**	약함
맹아력	양호	**내염성**	강함
음양성	중용수	**토성**	사질양토
이식	보통	**양분**	비옥토
수분	적윤지	**생장속도**	매우 빠름

| 조경설계적 특성 |

- 수관이 넓게 퍼지고 지하고가 높으며, 수형이 정연하기에 독립수로 식재하면 좋다.

배식장소

- 건축물 외곽 녹지의 주연부식재, 주변 녹지의 녹음식재, 초점식재
- 공원 및 녹지의 외곽 주연부식재, 녹음식재, 초점식재

푸조나무의 특징

- 바람이 강하게 부는 바닷가의 모래사장에서도 잘 자라기에 해송(곰솔), 팽나무처럼 해안 방풍림 조성에 최적 수종이다.
- 생태복원용수종으로 사용 가능하다.

떡갈나무

Quercus dentata Thunb.
낙엽활엽교목/ 참나무과/ 가나무

떡을 싸는 참나무라는 뜻에서 떡갈나무이다.

앞면

뒷면

잎 길이 10~30cm, 너비 5~17cm, 가장자리가 둥글고 깊게 파였으며, 밑부분은 귓볼처럼 늘어지고 잎자루는 거의 없으며, 어린 가지가 굵다.

수형

수피 노란빛을 띠는 갈색, 수피가 아래로 깊게 골을 만들며 갈라진다.

열매 9~10월, 길이 1.5~2.5cm, 갈색, 식용 가능하며, 깍정이에 1/2쯤 싸인다. 포린은 짙은 갈색으로 얇고 뒤로 젖혀진다.

잎 어긋나기이며, 단풍은 밝은 갈색이다.

| 분포도 |

북부, 중부, 남부, 남해안지방

| 뿌리모양 |

수령 45년생, 흉고직경 32cm, 수고 14m의 떡갈나무 뿌리

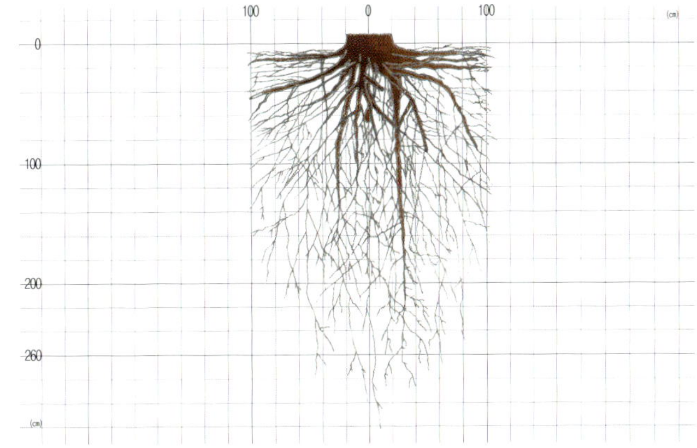

수직뿌리 심근성 **수평뿌리** 집중형 **잔뿌리** 적다

| 형태적 특성 |

성장 15~25m
수형 원정형

| 생태적 특성 |

내한성	강함	**내공해성**	강함
맹아력	강함	**내염성**	강함
음양성	양수	**토성**	사질양토
이식	불량	**양분**	척박토
수분	건조지	**생장속도**	빠름

| 조경설계적 특성 |

- 조경용으로 최근 들어 사용하며 주변 산 등의 생태 연계성을 위한 주연부 식재의 수종으로 사용한다.

배식장소

- 건축물 외곽 녹지의 주연부식재, 주변 녹지의 녹음식재, 초점식재
- 공원 및 녹지의 외곽 주연부식재, 녹음식재, 초점식재
- 건조지, 척박지 등에 잘 자라기에 사면 등의 법면식재

상수리나무의 특징

- 참나무류 중에서 잎이 가장 크고(길이 10~30cm) 두껍고 뒷면에 갈색 털이 많으며, 둔한 물결 모양 잎자루는 아주 짧거나 없다.
- 떡갈나무는 잎에 나쁜 균을 없애고 음식을 상하지 않게 하는 성분이 있어서 떡을 싸서 음식을 보관하는데 사용한다.
- 생태복원용수종으로 사용 가능하다.

신갈나무

Quercus mongolica Fisch.
낙엽활엽교목/ 참나무과/ 돌참나무/ 물갈리나무

신갈나무는 옛날 나무꾼들이 숲 속에서 짚신 바닥이 해지면 신갈나무 잎을 짚신에 깔아 신어서 생긴 이름이다.

앞면

뒷면

잎 길이 8~15㎝, 너비 1.5~10㎝, 잎몸 밑에 귓볼처럼 늘어지고 가장자리가 물결처럼 구불 거린다. 잎자루는 길이 0.1~1.3㎝로 떡갈나무보다 가늘다.

수피 회색빛을 띠는 갈색, 아래로 얕게 갈라지며 골이 패인다.

열매 9~10월, 길이 1.5~2㎝, 식용 가능하며, 깍정이에 조금 싸인다. 포린은 매우 우둘투둘하다.

꽃 수꽃은 새가지 기부의 엽액에 피고, 암꽃은 윗부분에서 곧추 자란다.

잎 어긋나기이며, 가지 끝에 모여 달리며, 단풍은 밝은 갈색이다.

| 분포도 |

북부, 중부, 남부, 남해안지방

| 뿌리모양 |

수령 50년생, 흉고직경 24cm, 수고 10m의 신갈나무 뿌리

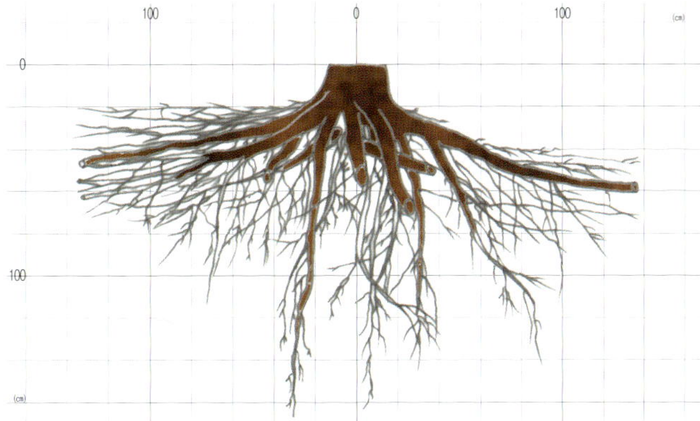

수직뿌리 심근성 **수평뿌리** 집중형 **잔뿌리** 적다

| 형태적 특성 |

성장 15~30m
수형 원정형

| 생태적 특성 |

내한성	강함	**내공해성**	보통
맹아력	강함	**내염성**	약함
음양성	양수	**토성**	사질양토
이식	불량	**양분**	척박토
수분	건조지	**생장속도**	빠름

| 조경설계적 특성 |

- 조경용으로 최근 들어 사용하며 주변 산 등의 생태 연계성을 위한 수종으로 사용한다.

배식장소

- 건축물 외곽 녹지의 주연부 식재, 주변 녹지의 녹음식재, 초점식재
- 공원 및 녹지의 외곽 주연부 식재, 녹음식재, 초점식재
- 건조지, 척박지 등에 잘 자라기에 사면 등의 법면식재

신갈나무의 특징

- 신갈나무는 참나무류 잎 중에서 가장 푸르다.
- 열매는 졸참나무나 갈참나무 열매처럼 포린에 털이 없다.
- 산지의 햇볕이 잘 드는 곳, 척박한 토양에서도 잘 자라며, 내화성이 강해 산불에 피해를 적게 입는다.
- 떡갈나무와 잎의 차이점은, 소지가 떡갈나무 보다 가늘다.
- 생태복원용수종으로 사용 가능하다.

상수리나무

Quercus acutissima Carruth.
낙엽활엽교목/ 참나무과/ 참나무

임진왜란 피난 시 선조왕의 수라상에 상수리 열매로 만든 묵이 올라가서 상수리나무라는 이름을 얻었다.

앞면

뒷면

잎 길이 8~20cm, 너비 2~4cm, 가장자리에 바늘모양의 날카로운 톱니가 있으며, 톱니에 엽록소가 없어서 흰색으로 보인다. 잎자루 길이 1~3cm이다.

수피 검은 회색이며 깊게 갈라진다. 수피의 갈라진 틈에 붉은 빛이 돈다.

꽃 5월, 옅은 초록색이다.

열매 9~10월, 길이 1.5~2.5cm, 갈색, 식용 가능하며, 깍정이에 1/2쯤 싸인다. 포린은 길며 뒤로 젖혀진다.

잎 어긋나기이며, 단풍은 밝은 노란색이다.

| 분포도 |

북부, 중부, 남부, 남해안지방

| 뿌리모양 |

수령 50년생, 흉고직경 34㎝, 수고 14m의 상수리나무 뿌리

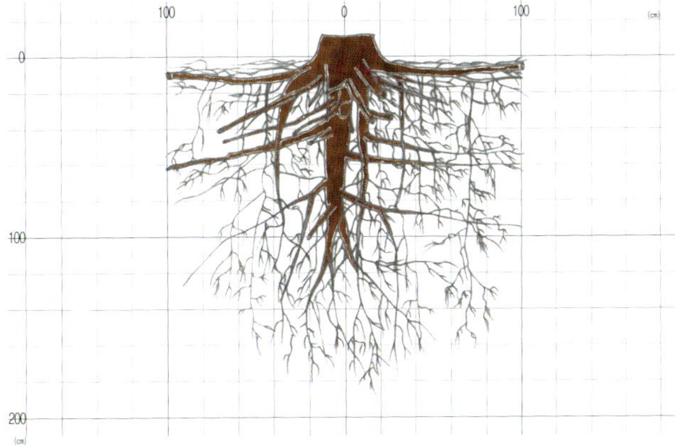

수직뿌리 심근성 **수평뿌리** 집중형 **잔뿌리** 적다

| 형태적 특성 |

성장 15~20m
수형 원정형

| 생태적 특성 |

내한성	강함	**내공해성**	보통
맹아력	강함	**내염성**	보통
음양성	양수	**토성**	사질양토
이식	보통	**양분**	척박토
수분	건조지	**생장속도**	빠름

| 조경설계적 특성 |

- 조경용으로 최근 들어 사용하며 주변 산 등의 생태 연계성을 위한 수종으로 사용한다.

배식장소

- 건축물 외곽 녹지의 주연부 식재, 주변 녹지의 녹음식재, 초점식재
- 공원 및 녹지의 외곽 주연부 식재, 녹음식재, 초점식재
- 건조지와 척박지 등에 잘 자라기에 사면 등의 법면식재

상수리나무의 특징

- 밤나무 잎과 비슷하나 잎 가장자리에 침 같은 톱니에 엽록소가 없어 흰색이며, 밤나무는 녹색의 침이 있다.
- 상수리나무는 떡갈나무, 굴참나무와 같이 포린에 털이 있다.
- 산지의 햇볕이 잘 드는 곳에 잘 자란다.
- 생태복원용수종으로 사용 가능하다.
- 환경정화수종이다.(공장, 도로변)

졸참나무

Quercus serrata Thunb.
낙엽활엽교목/ 참나무과/ 소리나무

참나무 중 잎과 열매가 가장 작아 졸참나무이다.

앞면

뒷면

잎 길이 7~17㎝, 너비 1.5~10㎝, 아래쪽이 뾰족하고 가장자리에는 안으로 굽은 갈고리 모양의 톱니가 있다.

수피 회색이며 아래로 골이 패인다.

열매 9~10월, 길이 1.7~2㎝, 식용 가능하며, 깍정이에 1/3쯤 싸인다. 깍정이는 얇고 작다.

잎 어긋나기이다.

단풍잎 단풍은 노란빛을 띤 갈색이다.

| 분포도 |

북부, 중부, 남부, 남해안지방

| 뿌리모양 |

수령 40년생, 흉고직경 26cm, 수고 16m의 졸참나무 뿌리

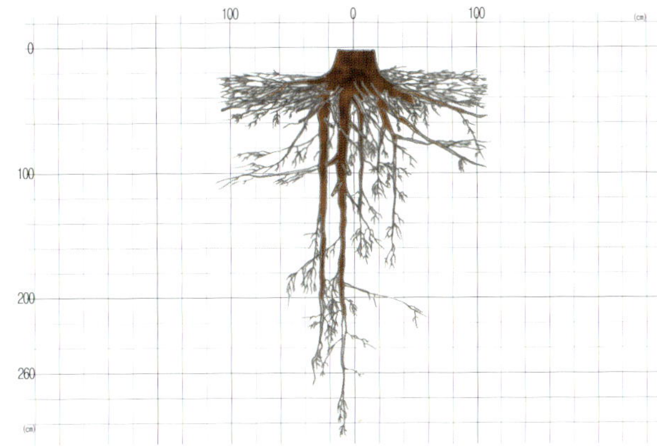

수직뿌리	심근성	수평뿌리	집중형	잔뿌리	적다

| 형태적 특성 |

성장 15~25m
수형 타원형

| 생태적 특성 |

내한성	강함	내공해성	보통
맹아력	강함	내염성	보통
음양성	양수	토성	사질양토
이식	불량	양분	척박토
수분	건조지	생장속도	빠름

| 조경설계적 특성 |

- 조경용으로 최근 들어 사용하며 주변 산 등의 생태연계성을 위한 수종으로 사용한다.

배식장소

- 건축물 외곽 녹지의 주연부 식재, 주변 녹지의 녹음식재, 초점식재
- 공원 및 녹지의 외곽 주연부 식재, 녹음식재, 초점식재
- 건조지, 척박지 등에 잘 자라기에 사면 등의 법면식재

졸참나무의 특징

- 졸참나무의 열매는 도토리 중 가장 맛있다.
- 열매는 신갈나무나 갈참나무 열매처럼 포린에 털이 없다.
- 참나무류 중에서 잎과 열매가 가장 작다.
- 생태복원용수종으로 사용 가능하다.
- 환경정화수종이다.(공장, 도로변)

갈참나무

Quercus aliena Bl.
낙엽활엽교목/ 참나무과

온대림의 대표적인 수종으로 우리나라 산에서 가장 흔하게 보이는 참나무가 갈참나무이다.

수피 골이 세로로 얇게 패인다.

열매 10월 길이 6~23㎜, 지름 7~16㎜, 깍정이에 1/2쯤 싸인다. 포린은 세모꼴로 촘촘히 붙어있다.

잎 길이 30㎝, 너비 3~19㎝, 표면은 광택이 나며, 엽병이 길며, 단풍이 노란색에서 빨간색으로 변한다.

| 형태적 특성 |

성장 15~25m
수형 원정형

| 분포도 |

북부, 중부, 남부, 남해안지방

| 생태적 특성 |

내한성	강함	**내염성**	보통
맹아력	강함	**토성**	사질양토
음양성	양수	**양분**	척박토
이식	보통	**생장속도**	빠름
수분	적윤지	**근계분포**	심근성
내공해성	보통		

| 조경설계적 특성 |

- 조경용으로 최근 들어 사용하며 주변 산 등의 생태 연계성을 위한 수종으로 사용한다.

배식장소

- 건축물 외곽 녹지의 주연부 식재, 주변 녹지의 녹음식재, 초점식재
- 공원 및 녹지의 외곽 주연부 식재, 녹음식재, 초점식재
- 생태복원용수종으로 사용 가능하다.

굴참나무

Quercus variabilis Bl.
낙엽활엽교목/ 참나무과/ 코르크참나무

굴참나무는 두꺼운 코르크 수피를 가지고 있다.

수피 코르크층이 두껍게 발달하여 길게 갈라진다.

열매 10월, 지름 1.5~2.3cm, 식용 가능하며, 둥글고 깍정이에 2/3쯤 싸인다.

잎 어긋나기이며, 길이 8~15cm, 너비 5~5cm, 가장자리에 바늘 모양의 날카로운 톱니가 있으며, 뒷면에는 흰색의 털이 밀생하여 흰색으로 보인다. 단풍은 노란색이다.

| 형태적 특성 |

성장 15~25m
수형 타원형

| 분포도 |

북부, 중부, 남부, 남해안지방

| 생태적 특성 |

내한성	강함	**내염성**	보통
맹아력	강함	**토성**	사질양토
음양성	양수	**양분**	척박토
이식	보통	**생장속도**	빠름
수분	건조지	**근계분포**	심근성
내공해성	강함		

| 조경설계적 특성 |

- 조경용으로 최근 들어 사용하며 주변 산 등의 생태 연계성을 위한 수종으로 사용한다.

배식장소

- 건축물 외곽 녹지의 주연부 식재, 주변 녹지의 녹음식재, 초점식재
- 공원 및 녹지의 외곽 주연부 식재, 녹음식재, 초점식재
- 건조지, 척박지 등에 잘 자라기에 사면 등의 법면식재
- 공해에 강하고 수형이 아름답기에 가로수식재
- 생태복원용수종으로 사용 가능하다.

능수버들

Salix pseudo-lasiogyne Lév.
낙엽활엽교목/ 버드나무과

가지의 색이 황록색이면 '능수버들' 이고 적갈색이면 '수양버들' 이다.

수피 회색빛을 띠는 갈색, 세로로 갈라진다.

열매 5월, 길이 3㎜, 갈색으로 익는다.

앞면 뒷면

잎 어긋나기이며, 길이 7~12㎝, 너비 1~2㎝, 잎에는 잔톱니, 표면은 털이 없고 가지가 밑으로 늘어지며, 단풍은 노란색이다.

| 형태적 특성 |

성장 20m
수형 처짐형

| 분포도 |

북부, 중부, 남부, 남해안지방

| 생태적 특성 |

내한성	강함	**내염성**	강함
맹아력	강함	**토성**	사질양토
음양성	양수	**양분**	보통토
이식	용이	**생장속도**	매우 빠름
수분	습윤지	**근계분포**	천근성
내공해성	강함		

| 조경설계적 특성 |

- 한국 특산수종으로 수양버들과 매우 유사하며 물가에서 잘 자란다.

배식장소

- 건축물 주변 수변 공간의 초점식재, 유도식재
- 공원 및 녹지의 수변 공간의 초점식재, 유도식재
- 강 등의 하천 식생

버드나무의 특징

- 최근에는 능수버들 보다 수양버들의 구매가 용이하다.
- 도연명은 집 주위에 버드나무 5주를 심고 '오류(五柳) 선생'이라 하였다.
- 하천생태복원수종으로 사용 가능하다.
- 전통조경수종으로 사용 가능하다.(아름다운 여인 상징, 강인한 생명력, 봄의 상징)

왕버들

Salix glandulosa Seem.
낙엽활엽교목/ 버드나무과

버드나무류 중에서 가장 커서 왕버들이다.

줄기 울퉁불퉁 근육질이다.

꽃 4월, 옅은 녹색이며, 꽃가루가 많이 날린다.

열매 5월, 삭과는 난형이며, 길이 3㎜ 정도로 2개로 갈라진다.

앞면 뒷면

잎 어긋나기이며, 길이 3~10㎝, 단풍은 노란색이다.

| 형태적 특성 |

성장 20m
수형 불규칙형

| 분포도 |

중부, 남부, 남해안지방

| 생태적 특성 |

내한성	보통	내염성	보통
맹아력	강함	토성	가리지 않음
음양성	양수	양분	보통토
이식	용이	생장속도	매우 빠름
수분	습윤지	근계분포	천근성
내공해성	강함		

| 조경설계적 특성 |

- 수변, 습지 등 물속에서도 잘 자라기에 하천 식생으로 적합하다.

배식장소

- 건축물 주변 수변 공간의 초점식재, 경관식재
- 공원 및 녹지의 수변 공간의 초점식재, 경관식재
- 하천 식생으로 물속에서도 생육한다.
- 하천생태복원수종으로 사용한다.
- 전통조경수종으로 사용 가능하다.(강인한 생명력)

왕벚나무

Prunus yedoensis Matsumura
낙엽활엽교목/ 장미과/ 제주 벚나무/ 큰 벚나무

왕벚나무는 우리나라 제주도가 원산지이다.

앞면

뒷면

잎 길이 6~12㎝, 가장자리에는 예리한 이중 톱니가 있다.

수피 회색빛을 띠는 갈색으로 평활하며 가로로 생기는 껍질눈이 특징이다.

꽃 4월, 흰색, 잎보다 꽃이 먼저 핀다.

열매 10월, 식용 가능하며, 지름 7~8㎜ 둥글며, 검은빛을 띠는 빨간색 →검은색으로 변한다.

잎 어긋나기이며, 단풍은 짙은 빨간색이다.

| 분포도 |

중부, 남부, 남해안지방

| 뿌리모양 |

수령 35년생, 흉고직경 20㎝, 수고 6m의 왕벚나무 뿌리

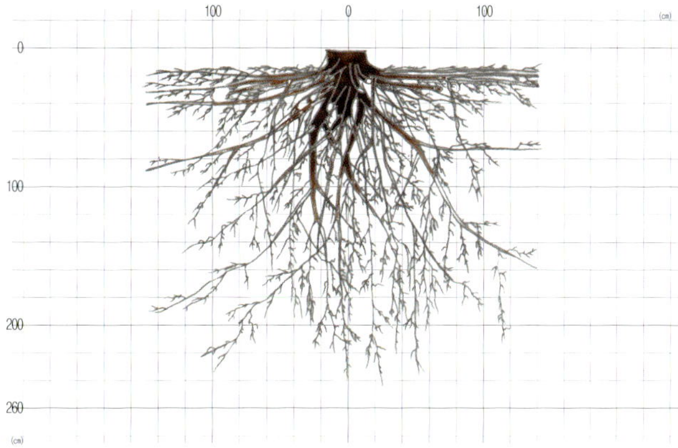

수직뿌리 중근성 **수평뿌리** 중간형 **잔뿌리** 보통

| 형태적 특성 |

성장 10~15m
수형 원형

| 생태적 특성 |

내한성	보통	**내공해성**	불량
맹아력	불량	**내염성**	보통
음양성	양수	**토성**	사질양토
이식	보통	**양분**	비옥토
수분	적윤지	**생장속도**	빠름

| 조경설계적 특성 |

• 잎보다 먼저 피는 꽃이 나무 전체를 덮어 꽃잎이 떨어질 때는 꽃눈이 내리는 듯한 모습이 매우 아름답다.

배식장소

• 건축물 주요 녹지의 경관식재, 녹음식재, 유도식재
• 공원 및 녹지의 경관식재, 녹음식재, 유도식재

왕벚나무의 특징

• 30년생이 가장 아름답고 50년생이 되면 노목으로 약해진다.
• 벚나무류는 지하수위가 높은 곳은 생육이 불량하므로 배수가 잘 되어야 하며, 건조에 약하다.
• 맹아력이 불량하기에 강전정은 피해야 하고, 전정 시 가지가 썩는 경우가 많아 세심한 주의가 필요하다.
• 환경정화수종이다.(주택가)

매실나무

Prunus mume S. et Z.
낙엽활엽(소)교목/ 장미과/ 매화나무

옛 선비들은 추운 날씨에 굳은 기개로 피는 하얀 꽃과 은은한 향기를 좋아해 매화나무를 사랑하였다.

앞면

뒷면

잎 길이 4~10㎝, 너비 2~5㎝, 가장자리에 예리한 잔톱니가 있다.

수피 어린가지는 옅은 녹색이며 수피는 거칠게 세로로 갈라진다.

꽃 4월, 흰색, 꽃이 잎보다 먼저 피며, 향기가 좋다.

열매 7월, 지름 2~3㎝, 녹색→짙은 노란색, 식용 가능하다.

잎 단풍은 노란색이다.

| 분포도 |

중부, 남부, 남해안지방

| 뿌리모양 |

수령 30년생, 흉고직경 12㎝, 수고 3.5m의 매실나무 뿌리

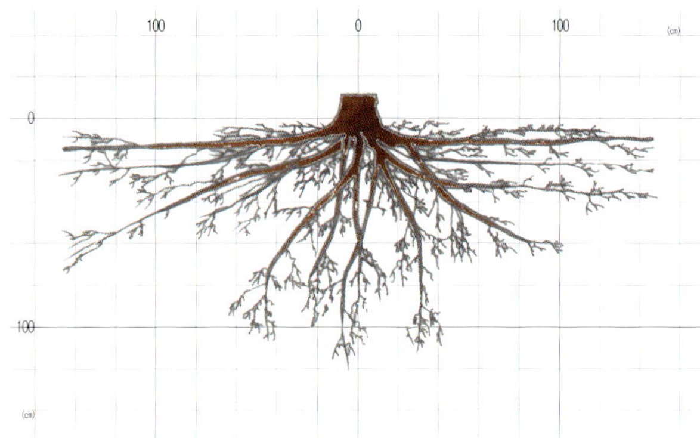

수직뿌리 중근성 **수평뿌리** 중간형 **잔뿌리** 보통

| 형태적 특성 |

성장 3~5m
수형 구형

| 생태적 특성 |

내한성	보통	내공해성	보통
맹아력	양호	내염성	약함
음양성	양수	토성	사질양토
이식	용이	양분	비옥토
수분	적윤지	생장속도	빠름

| 조경설계적 특성 |

- 사군자의 하나로 꽃이 아름답고 향기가 좋으며, 열매가 좋기에 독립수 또는 군식의 경관수로 사용한다.

배식장소

- 건축물 주요 녹지의 초점식재, 경관식재, 상징식재
- 공원 및 녹지의 초점식재, 경관식재, 상징식재
- 전통공간의 상징식재

매실나무의 상징성

- 옛 사람들은 매화를 심을 때 오감을 느낄 수 있도록 늘 바라보는 창문 앞, 오고가는 대문, 사랑채로 향하는 통로, 물가, 달빛이 잘 드는 곳, 향기를 고려하여 바람이 항상 불어오는 방향에 심었다.[2]
- 환경정화수종이다.(주택가)
- 전통조경수종으로 사용 가능한다.(선비정신, 불굴의 지조, 군자의 상징)

살구나무

Prunus armeniaca var. ansu Max.
낙엽활엽교목/ 장미과

행(杏)은 살구나무인데 행단(杏亶)에 심은 나무는 '은행나무' 인지 '살구나무' 인지 모호하지만 행화(杏花)는 살구꽃 이다.[3]

앞면

뒷면

잎 길이 6~8㎝, 너비 4~ 7㎝, 작은 톱니가 있다.

수피 검은빛을 띠는 갈색, 코르크질이 약간 발달하였다.

꽃 4월, 분홍색 간혹 흰색, 잎보다 꽃이 먼저 핀다.

열매 7월, 둥글고 지름 3㎝, 노란색, 식용 가능하다.

잎 어긋나기이며, 가을의 노란색 및 노란빛을 띠는 빨간색 단풍이 아름답다.

| 분포도 |

북부, 중부, 남부, 남해안지방

| 뿌리모양 |

수령 25년생, 흉고직경 20㎝, 수고 4m의 살구나무 뿌리

수직뿌리 중근성 **수평뿌리** 중간형 **잔뿌리** 보통

| 형태적 특성 |

성장 5~10m
수형 원정형

| 생태적 특성 |

내한성	강함	**내공해성**	강함
맹아력	약함	**내염성**	강함
음양성	양수	**토성**	사질양토
이식	불량	**양분**	비옥토
수분	적윤지	**생장속도**	빠름

| 조경설계적 특성 |

• 이른 봄 벚나무보다 먼저 꽃이 피며, 꽃이 나무 전체를 덮어 봄을 맞이하는 나무로 식재하면 좋다.

배식장소

• 건축물 주요 부분 경관식재, 단지 입구의 초점식재, 경관식재
• 공원 및 녹지의 경관식재, 초점식재

살구나무의 특징

• 매화나무는 향기가 좋은데, 살구나무는 향기가 없다.
• 전통조경수종으로 사용 가능하다.

자두나무

Prunus salicina Lindl.
낙엽활엽(소)교목/ 장미과/ 오얏나무/ 자도나무

붉은 복숭아라는 '자도(紫桃)'에서 변해 자두나무이다.

앞면

뒷면

잎 길이 5~10㎝, 너비 2~4㎝
잎의 가장자리에 둔한 톱니나 이중 톱니가 있다.

수피 어린 가지는 회색빛을 띠는 녹색이며, 줄기는 거칠게 갈라진다.

꽃 4월, 흰색, 잎보다 먼저 핀다.

열매 7월, 노란색 또는 붉은색, 식용 가능하다.

잎 어긋나기이며, 단풍은 노란색이다.

| 분포도 |

북부, 중부, 남부, 남해안지방

| 뿌리모양 |

수령 25년생, 근원직경 10㎝, 수고 4m의 자두나무 뿌리

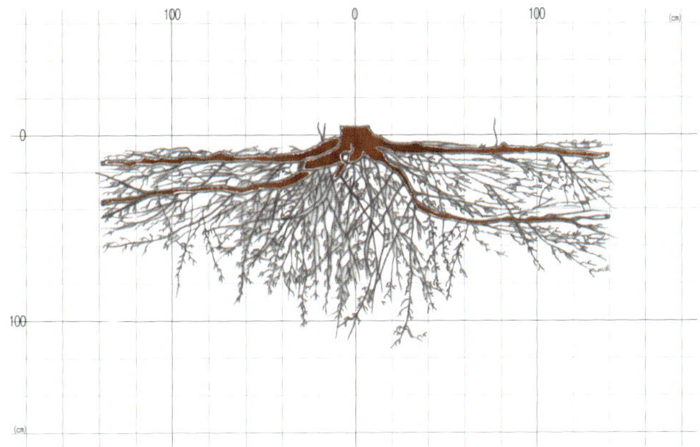

수직뿌리 중근성 **수평뿌리** 중간형 **잔뿌리** 많다

| 형태적 특성 |

성장 10m
수형 원정형

| 생태적 특성 |

내한성	강함	**내공해성**	약함
맹아력	강함	**내염성**	약함
음양성	양수	**토성**	가리지 않음
이식	용이	**양분**	비옥토
수분	적윤지	**생장속도**	빠름

| 조경설계적 특성 |

- 봄에 흰 꽃이 나무 전체를 덮으면서 피고, 가을에 열매가 아름다워 계절 특성수로 사용한다.

배식장소

- 건축물 주요 지점의 초점식재, 경관식재, 상징식재
- 공원 및 녹지의 초점식재, 경관식재, 상징식재

자두나무의 특징

- 옛날부터 인가 부근의 과수로 식재하였다.
- 자두의 우리말은 오얏이다. 오얏의 한자어는 이(李)로 나무에 열매가 주렁주렁 달린 모습을 뜻한다.[4]
- 중국에서는 자두나무 열매는 장수를 상징했다.
- 전통조경수종으로 사용 가능하다.
- 환경정화수종이다.(주택가)

돌배나무

Pyrus pyrifolia (Burm.) Nak.
낙엽활엽교목/ 장미과

「청구영언」에 실린 '다정가'의 노래인 "이화(梨花)에 월백(月百)" 하고의 이화는 돌배나무 꽃이다.

앞면

뒷면

잎 길이 7~12㎝, 너비 4~6㎝, 가장자리에 톱니가 있다.

수피 검은빛을 띠는 갈색, 잘게 갈라진다.

열매 8월, 길이 3~4㎝, 조금 검은빛을 띠는 갈색이다.

잎 어긋나기이며, 단풍은 노란빛을 띠는 갈색이다.

| 분포도 |

중부, 남부, 남해안지방

| 뿌리모양 |

수령 40년생, 흉고직경 26cm, 수고 10m의 돌배나무 뿌리

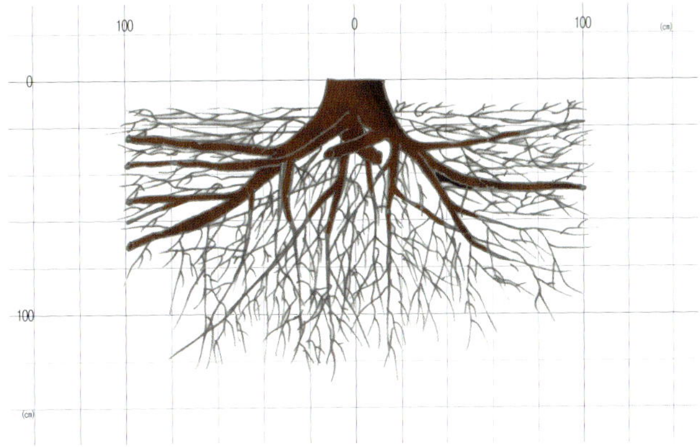

수직뿌리 중근성 **수평뿌리** 중간형 **잔뿌리** 적다

| 형태적 특성 |

성장 10~15m
수형 원정형

| 생태적 특성 |

내한성	보통	**내공해성**	강함
맹아력	강함	**내염성**	약함
음양성	중용수	**토성**	사질양토
이식	보통	**양분**	비옥토
수분	적윤지	**생장속도**	느림

| 조경설계적 특성 |

- 봄에 나무 전체를 덮는 흰색 꽃은 매우 아름답고, 가을의 열매가 좋기에 계절 특성수로 사용한다.

배식장소

- 건축물 주요 녹지의 초점식재, 경관식재, 상징식재
- 공원 및 녹지의 초점식재, 경관식재, 상징식재

돌배나무의 특징

- 봄에 붉은 빛을 띤 꽃봉오리가 터지면서 피는 흰색 꽃은 대단히 아름답다.
- 옛 선조들은 돌배나무와 관련된 사랑노래를 많이 지었다.
- 전통조경수종으로 사용가능하다.

팥배나무

Sorbus alnifolia (S. et Z.) K. Koch.
낙엽활엽교목/ 장미과/ 두/ 감당/ 두당

팥배나무는 열매의 크기가 팥을 닮은 배나무라는 뜻이다.[5)]

앞면

뒷면

잎 길이 5~10㎝, 너비 3.5~7㎝ 잎맥이 깊게 패여 뚜렷하게 보이며, 가장자리는 거친 톱니가 있다.

수피 회색빛을 띠는 갈색, 껍질눈이 발달하였다.

꽃 5~6월, 흰색, 6~10개의 꽃이 달린다.

열매 9~10월, 지름1㎝, 빨간색으로 익는 팥알 만한 열매는 찬서리를 맞으면 더욱 짙은 빨간색이 된다.

잎 어긋나기이며, 단풍은 주황색이다.

| 분포도 |

북부, 중부, 남부, 남해안지방

| 뿌리모양 |

수령 40년생, 흉고직경 16㎝, 수고 8m의 팥배나무 뿌리

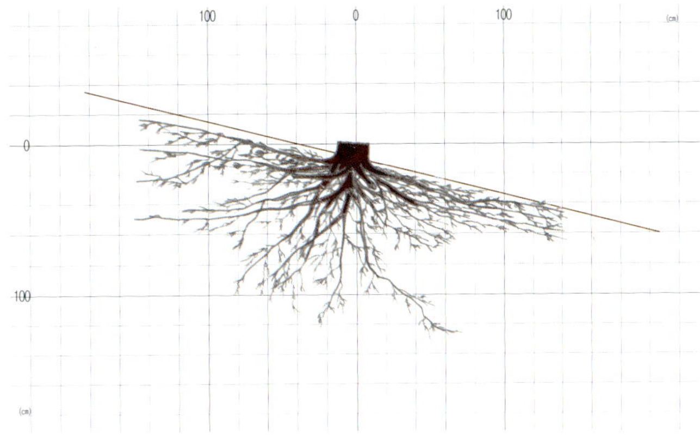

수직뿌리 천근성 **수평뿌리** 분산형 **잔뿌리** 적다

| 형태적 특성 |

성장 10~15m
수형 원형

| 생태적 특성 |

내한성	강함	내공해성	약함
맹아력	강함	내염성	강함
음양성	중용수	토성	가리지 않음
이식	보통	양분	척박지
수분	건조지	생장속도	매우 빠름

| 조경설계적 특성 |

- 건조지, 척박지에서 잘 생육하여 사면 등에 군식으로 식재하면 좋은 수종이다.

배식장소

- 건축물 외곽 녹지의 주연부식재, 주변 녹지의 경관식재, 건축물 주요 부분의 초점식재
- 공원 및 녹지의 경관식재, 외곽 녹지의 주연부 식재

팥배나무의 특징

- 팥배나무 열매는 겨울철에도 오랫동안 달려있어 새의 먹이가 된다.
- 생태복원용수종으로 사용 가능하다.

마가목

Sorbus commixta Hedl.
낙엽활엽교목/ 장미과

봄의 새순 모양이 말의 이빨과 닮아 마가목이 되었다.

앞면

뒷면

잎 잎이 좌우측 같이 나는 복엽, 2.5~8㎝,잎의 가장자리에 뾰족한 톱니가 있다.

수피 옅은 회색이며 수피가 세로로 벗겨진다.

꽃 5~6월, 흰색, 지름 1㎝ 미만의 꽃이 모여 8~12㎝의 큰 꽃처럼 보이며, 향기가 있다.

열매 10월, 지름 5~8㎜, 빨간색이다.

잎 어긋나기이며, 단풍은 빨간색이다.

| 분포도 |

북부, 중부, 남부, 남해안지방

| 뿌리모양 |

수령 35년생, 근원직경 18㎝, 수고 7m의 마가목 뿌리

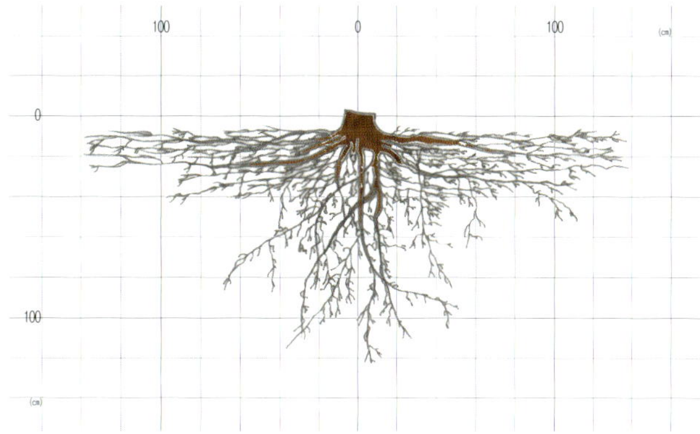

수직뿌리 천근성 **수평뿌리** 분산형 **잔뿌리** 적다

| 형태적 특성 |

성장 5~10m
수형 원정형

| 생태적 특성 |

내한성	강함	**내공해성**	강함
맹아력	강함	**내염성**	보통
음양성	중용수	**토성**	가리지 않음
이식	보통	**양분**	비옥토
수분	적윤지	**생장속도**	빠름

| 조경설계적 특성 |

- 흰색 꽃과 향기가 좋으며 붉은색 열매가 아름다워 다양한 용도의 수종으로 사용한다.

배식장소

- 건축물 주변 녹지의 초점식재, 경관식재, 주연부식재
- 공원 및 녹지의 초점식재, 경관식재, 주연부식재
- 가로수식재

마가목의 특징

- 가을의 단풍이 아름다우나 도심지에서는 단풍이 좋지 않다.
- 꿀을 만드는 밀원식물이다.
- 생태복원용수종으로 사용 가능하다.

꽃사과

Malus floribunda Siebold ex Van Houtte.
낙엽활엽(소)교목/ 장미과

꽃을 감상하는 사과나무이기에 꽃사과이다.

꽃 4~5월, 암술수술한꽃, 옅은 분홍색, 흰색, 지름 3~4㎝, 꽃이 나무 전체를 덮는다.

열매 10월, 둥글며 빨간 색으로 익으며, 조류의 먹이이다.

잎 어긋나기이며, 가장자리에는 작은 톱니가 있으며, 단풍은 빨간색이다.

| 형태적 특성 |

성장 5~10m
수형 원형

| 분포도 |

중부, 남부, 남해안지방

| 생태적 특성 |

내한성	강함	내염성	약함
맹아력	강함	토성	사질양토
음양성	양수	양분	비옥토
이식	용이	생장속도	빠름
수분	적윤지	근계분포	천근성
내공해성	보통		

| 조경설계적 특성 |

• 봄의 꽃과 가을의 열매와 단풍이 좋기에 계절 특성수로 사용하면 좋다.

배식장소

• 건축물 주요 녹지의 경관식재, 초점식재, 유도식재, 건축물의 예각완화식재
• 공원 및 녹지의 경관식재, 초점식재, 유도식재, 모서리식재

산사나무

Crataegus pinnatifida Bunge
낙엽활엽교목/ 장미과

May Flower는 산사나무를 말한다.

꽃 5월, 흰색, 나무 전체를 덮는다.

열매 9월, 지름 1.5㎝, 빨간색으로 나무 전체에 주렁주렁 달린다.

잎 어긋나기이며, 길이 5~10㎝, 잎이 깊게 갈라지며, 단풍은 짙은 노란색이다.

| 형태적 특성 |

성장 5~10m
수형 원정형

| 분포도 |

북부, 중부, 남부지방, 남해인지방

| 생태적 특성 |

내한성	강함	내염성	보통
맹아력	강함	토성	가리지 않음
음양성	중용수	양분	가리지 않음
이식	용이	생장속도	느림
수분	건조지	근계분포	심근성
내공해성	보통		

| 조경설계적 특성 |

• 봄철의 꽃과 가을의 열매와 단풍이 좋기에 계절 특성수로 사용하면 좋다.

배식장소

• 건축물 주요 공간의 초점식재, 경관식재, 유도식재, 건축물의 예각완화식재
• 공원 및 녹지의 초점식재, 경관식재, 유도식재, 모서리식재
• 어린 가지에는 가시가 있어 울타리식재로 사용 가능하다.

귀룽나무

Prunus padus L.
낙엽활엽교목/ 장미과

아홉 마리 용을 뜻하는 구룡(九龍)이 변하여 귀룽나무가 되었다.

수피 검은빛을 띠는 갈색으로 얕게 갈라지며, 줄기 하단부는 울퉁불퉁하다.

열매 6~7월, 검은색으로 익어 새의 먹이이다.

앞면 뒷면

잎 어긋나기이며, 길이 6~12㎜, 너비 2~4㎝,, 표면에 털이 없으며, 뒷면은 회색빛을 띠는 녹색으로서 맥액에 털이 있고, 단풍은 빨간색이다.

| 형태적 특성 |

성장 15~20m
수형 타원형

| 분포도 |

북부, 중부, 남부, 남해안지방

| 생태적 특성 |

내한성	강함	**내염성**	강함
맹아력	강함	**토성**	사질양토
음양성	중용수	**양분**	비옥토
이식	보통	**생장속도**	빠름
수분	습윤지	**근계분포**	천근성
내공해성	강함		

| 조경설계적 특성 |

- 수형이 정연하고 단풍이 아름다워 여러 용도로 사용 가능하다.

배식장소

- 건축물 주요 녹지의 경관식재, 초점식재, 녹음식재
- 공원 및 녹지의 경관식재, 초점식재, 녹음식재, 외곽 녹지의 주연부식재
- 가로수식재
- 생태복원용수종으로 사용 가능하다.

야광나무

Malus baccata (L.) Borkh.
낙엽활엽교목/ 장미과

가을 열매가 12월까지 아름답게 달려 새를 모이게하는 나무이다.

수피 회색빛을 띠는 갈색으로 불규칙하게 갈라진다.

꽃 5월, 지름 3~3.5㎝, 흰색 또는 옅은 빨간색 꽃이 핀다.

앞면 뒷면

잎 어긋나기이며, 길이 3~8㎝, 가장자리에 톱니가 있다.

| 형태적 특성 |

성장 5~10m
수형 원형

| 분포도 |

북부, 중부, 남부, 남해안지방

| 생태적 특성 |

내한성	강함	내염성	약함
맹아력	강함	토성	사질양토
음양성	양수	양분	비옥토
이식	용이	생장속도	빠름
수분	적윤지	근계분포	천근성
내공해성	보통		

| 조경설계적 특성 |

- 흰색 또는 밝은 빨간색 꽃이 좋고 가을의 열매가 아름다워 계절 특성수로 사용하면 좋다.

배식장소

- 건축물 주요 녹지의 초점식재, 경관식재, 건축물 외곽 녹지의 주연부식재
- 공원 및 녹지의 초점식재, 경관식재, 외곽 녹지의 주연부식재
- 생태복원용수종으로 사용 가능하다.

피나무

Tilia amurensis Rupr.
낙엽활엽교목/ 피나무과

피나무는 껍질을 의미하는 '피(皮)'에서 이름이 되었다.

꽃 6~7월, 옅은 노란색이다.

열매 9~10월, 흰색 또는 갈색 털이 밀생한다.

잎 어긋나기이며, 길이 3~9㎝, 하트모양, 단풍은 노란빛을 띠는 갈색이다.

| 형태적 특성 |

성장 15~20m
수형 타원형

| 분포도 |

북부, 중부지방

| 생태적 특성 |

내한성	강함	내공해성	보통
맹아력	보통	내염성	강함
음양성	중용수	토성	사질양토
이식	용이	양분	비옥토
수분	적윤지	생장속도	빠름

| 조경설계적 특성 |

- 수형이 단정하고 꽃과 열매가 아름답기에 독립수로 식재하면 좋다.

배식장소

- 건축물 주요 녹지의 경관식재, 녹음식재, 주연부식재
- 공원 및 녹지의 경관식재, 녹음식재, 주연부식재
- 가로수식재
- 피나무 껍질로 그물, 망태기 등을 만들었다.
- 꽃에 꿀이 많아 밀원식물이다.
- 생태복원용수종으로 사용 가능하다.

수수꽃다리

Syringa dilatata Nak.
낙엽활엽(소)교목/ 물푸레나무과/ 라일락

꽃이 수수처럼 달려 수수꽃다리이다.

줄기 지상부에 많은 줄기가 나오며, 수피는 회색빛을 띠는 갈색이다.

꽃 4~5월, 가지 끝에 옅은 보라색으로 피는 꽃은 향기가 매우 좋다.

열매 9월, 갈색으로 달린다.

잎 마주나기이며, 길이 5~12㎝, 잎의 끝이 뾰족하고 가장자리가 밋밋하며, 단풍은 갈색이다.

| 형태적 특성 |

성장 3~5m
수형 부채꼴형

| 분포도 |

북부, 중부, 남부, 낙해안지방

| 생태적 특성 |

내한성	강함	**내염성**	강함
맹아력	강함	**토성**	가리지 않음
음양성	중용수	**양분**	비옥토
이식	용이	**생장속도**	빠름
수분	건조지	**근계분포**	천근성
내공해성	보통		

| 조경설계적 특성 |

- 봄에 꽃과 향기가 매우 좋으며, 건조와 토성을 가리지 않기에 여러 용도로 적합하다.

배식장소

- 건축물 주요 부분에 모아심기로 초점식재, 주변 녹지에 경관식재, 건축물의 예각완화식재
- 공원 및 녹지의 주요 부분에 모아심기로 초점식재, 주변 녹지에 경관식재
- 경사지 등의 법면식재
- 환경정화수종이다.(공장, 도로변)

이팝나무

Chionanthus retusus Lindl. et Paxton
낙엽활엽교목/ 물푸레나무과/ 쌀밥나무

이팝나무의 흰 꽃이 하얀 쌀밥에 비유되어 '이밥'이 '이팝'으로 변하였다.

앞면

뒷면

잎 길이 3~15㎝, 너비 2.5~6㎝, 가장자리는 밋밋하다.

수피 회색, 세로로 얕게 갈라지며 어린 가지의 수피는 벗겨진다.

꽃 5월, 암수딴그루, 흰색, 수수이삭처럼 생긴 꽃이 많이 달린다.

열매 9월, 길이 1.2~1.5㎜ 검은빛을 띠는 파란색이다.

잎 마주나기이며, 단풍은 노란색이다.

| 분포도 |

중부, 남부, 남해안지방

| 뿌리모양 |

수령 40년생, 흉고직경 30㎝, 수고 8m의 이팝나무 뿌리

수직뿌리 천근성 **수평뿌리** 중간형 **잔뿌리** 많다

| 형태적 특성 |

성장 15~20m
수형 원정형

| 생태적 특성 |

내한성	보통	**내공해성**	강함
맹아력	강함	**내염성**	강함
음양성	중용수	**토성**	사질양토
이식	보통	**양분**	비옥토
수분	적윤지	**생장속도**	빠름→느림

| 조경설계적 특성 |

- 수형, 꽃, 잎, 열매, 단풍이 아름다워 다양한 용도의 수종으로 사용한다.

배식장소

- 건축물 주요 녹지의 초점식재, 녹음식재, 경관식재, 유도식재, 건축물의 예각완화식재
- 공원 및 녹지의 초점식재, 녹음식재, 경관식재, 유도식재, 모서리식재
- 가로수식재

이팝나무의 특징

- 잎은 감나무 잎처럼 크고 광택이 나며, 수형이 아름답다.
- 수수이삭처럼 피는 꽃은 20일 이상 피며, 향기가 좋고 병충해에 강하다.

감나무

Diospyros kaki Thunb.
낙엽활엽교목/ 감나무과/ 시(柹)

감이 달려 감나무이다.

앞면

뒷면

잎 길이 7~17㎝, 너비 4~10㎝, 잎은 가장자리가 밋밋하며, 잎은 전체적으로 약간 굽어져 있다.

수피 옅은 검은빛을 띠는 갈색, 악어가죽처럼 갈라진다.

꽃 5~6월, 노란빛을 띠는 흰색, 엽액에 달린다.

열매 10월, 과일로 식용, 크기는 4~8㎝, 빨간빛을 띠는 노란색이다.

잎 어긋나기이며, 단풍은 빨간색이다.

| 분포도 |

중부, 남부, 남해안지방

| 뿌리모양 |

수령 30년생, 흉고직경 16㎝, 수고 8m의 감나무 뿌리

수직뿌리	중근성	수평뿌리	분산형	잔뿌리	적다

| 형태적 특성 |

성장 15~20m
수형 원정형

| 생태적 특성 |

내한성	보통	내공해성	강함
맹아력	약함	내염성	강함
음양성	양수	토성	사질양토
이식	불량	양분	비옥토
수분	적윤지	생장속도	빠름→느림

| 조경설계적 특성 |

- 수형이 아름답고, 열매가 탐스러워 독립수 또는 군식으로 정원 및 공원의 경관수로 좋다.

배식장소

- 건축물 주변 주요 지점, 단지입구, 주거동 전면의 초점식재, 녹음식재
- 공원 및 녹지의 초점식재, 녹음식재
- 가로수식재

감나무의 특징

- 옛 사람들은 감나무의 7가지 장점은 첫째 오래살고, 둘째 좋은 그늘을 만들고, 셋째 새가 집을 짓지 않고, 넷째 벌레가 없으며, 다섯째 단풍이 아름답고, 여섯째 열매가 먹음직스럽고, 일곱째 잎이 크다.[6]
- 환경정화수종이다.(주택가)

때죽나무

Styrax japonicus S. et Z.
낙엽활엽교목/ 때죽나무과

종 모양의 꽃이 땅을 향해 주렁주렁 달리는 나무가 때죽나무이다.

앞면

뒷면

잎 어긋나기이며, 길이 2~8㎝, 너비 2~4㎝, 잎의 끝은 뾰족하고 가장자리에 톱니가 있거나 밋밋하다.

수피 검은빛을 띠는 갈색, 매끈하며, 세로로 얇게 갈라진다.

꽃 5~6월, 흰색, 한군데에 2~5개의 꽃이 뭉쳐나며, 향기가 매우 좋다.

열매 9월, 갈색이다.

| 분포도 |

중부, 남부, 남해안지방

| 뿌리모양 |

수령 30년생, 흉고직경 17㎝, 수고 7m의 때죽나무 뿌리

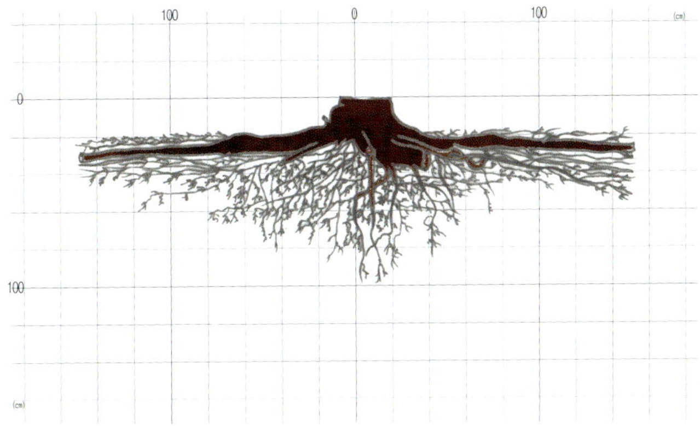

수직뿌리 천근성 **수평뿌리** 집중형 **잔뿌리** 많다

| 형태적 특성 |

성장 10m
수형 원정형

| 생태적 특성 |

내한성	보통	**내공해성**	강함
맹아력	강함	**내염성**	강함
음양성	중용수	**토성**	가리지 않음
이식	보통	**양분**	가리지 않음
수분	건조지	**생장속도**	느림

| 조경설계적 특성 |

- 봄에 흰색 초롱처럼 피는 꽃은 향기도 좋으며, 나무 전체를 꽃으로 덮으며, 매우 아름다워 다양한 용도의 수종으로 사용한다.

배식장소

- 건축물 주변 녹지의 초점식재, 경관식재, 법면식재
- 공원 및 녹지의 초점식재, 주연부식재, 법면식재

때죽나무의 특징

- 척박지, 황폐지, 경사지 등 토양환경이 열약학 지역에 적합한 수종이다.
- 때죽나무는 물을 정화 시키기에 연못 등 수변에 식재하면 좋다.
- 생태복원용수종으로 사용 가능하다.
- 환경정화수종이다.(주택가)

쪽동백

Styrax obassia S. et Z.
낙엽활엽교목/ 때죽나무과

북부지방에서는 쪽동백의 열매를 머릿기름으로 사용하였다.

앞면

뒷면

잎 길이 7~20cm, 너비 8~20cm, 잎의 끝 부분은 뾰족하며, 꽃자루는 매우 짧다.

수피 검은색, 줄기에 굴곡이 생긴다.

꽃 5~6월, 흰색, 종모양으로 매우 많이 달린다.

열매 9월, 길이 2cm, 회색빛을 띠는 녹색이다.

잎 어긋나기이며, 단풍은 노란색이다.

| 분포도 |

북부, 중부, 남부, 남해안지방

| 뿌리모양 |

뿌리 45년생, 흉고직경 18㎝, 수고 15m의 쪽동백 뿌리

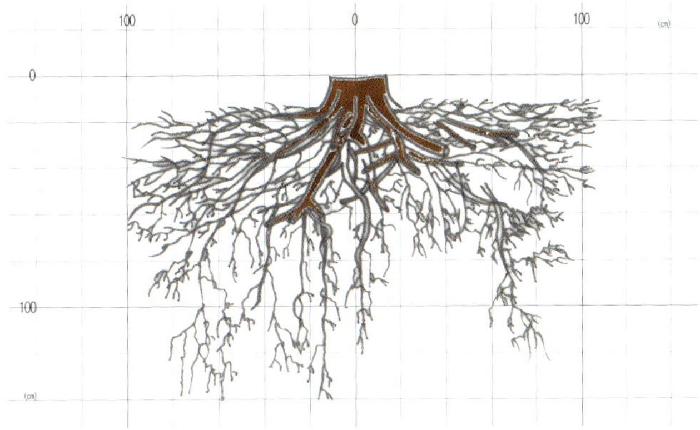

수직뿌리 천근성 **수평뿌리** 집중형 **잔뿌리** 많다

| 형태적 특성 |

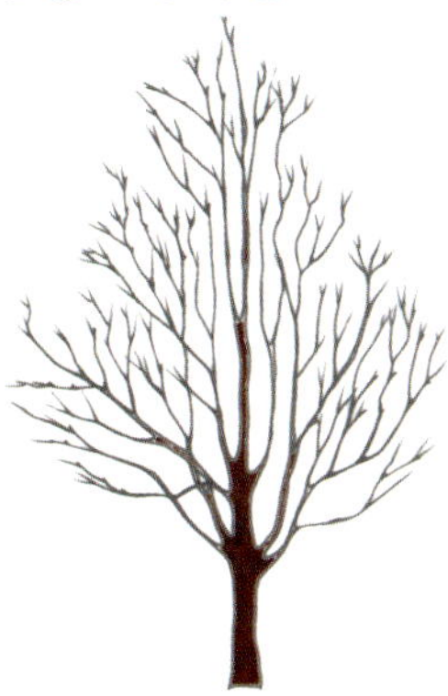

성장 10~15m
수형 타원형

| 생태적 특성 |

내한성	강함	**내공해성**	강함
맹아력	보통	**내염성**	보통
음양성	중용수	**토성**	가리지 않음
이식	불량	**양분**	비옥토
수분	적윤지	**생장속도**	빠름

| 조경설계적 특성 |

- 잎이 크며, 꽃과, 단풍이 아름다워 계절 특성수로 사용하면 좋다.

배식장소

- 건축물 주요 지점의 경관식재, 주연부식재, 녹음식재, 유도식재
- 공원 및 녹지의 초점식재, 주연부식재, 녹음식재, 유도식재
- 가로수식재

쪽동백의 특징

- 잎이 넓고 커서 남국적인 느낌이 난다.
- 쪽동백의 수피는 때죽나무보다 조금 더 검고 굴곡이 심하다.
- 쪽동백 열매를 찧어 물에 풀면 물고기를 기절시키며, 머릿기름은 머리의 이를 완전히 박멸 할 정도로 독성이 강하다.[7]
- 생태복원용수종으로 사용 가능하다.

층층나무

Cornus controversa Hemsl.
낙엽활엽교목/ 층층나무과/ 육각수

나무의 수형이 탑처럼 층을 이루어 층층나무이다.

앞면

뒷면

잎 길이 5~12㎝, 너비 3~8㎝, 잎의 표면은 녹색, 뒷면은 옅은 녹색으로 잔털이 밀생한다.

수피 세로로 얕게 홈이 갈라지고 가지가 돌려난다.

꽃 5월, 흰색, 매우 작은 흰꽃이 모여 5~12㎝의 큰 꽃 처럼 보인다.

열매 9~10월, 지름 6~7㎜, 대단히 많은 열매가 열린다.

잎 어긋나기이며, 단풍은 빨간색이다.

| 분포도 |

북부, 중부, 남부, 남해안지방

| 뿌리모양 |

수령 50년생, 흉고직경 36㎝, 수고 16m의 층층나무 뿌리

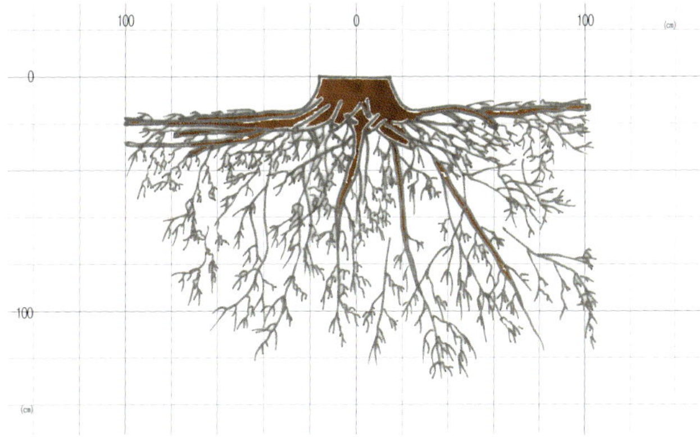

수직뿌리 천근성 **수평뿌리** 분산형 **잔뿌리** 많다

| 형태적 특성 |

성장 15~20m
수형 타원형

| 생태적 특성 |

내한성	강함	**내공해성**	약함
맹아력	강함	**내염성**	약함
음양성	중용수	**토성**	사질양토
이식	보통	**양분**	비옥토
수분	습윤지	**생장속도**	매우 빠름

| 조경설계적 특성 |

- 층층으로 나타나는 수형과 꽃, 열매가 아름다워 경관수로 사용한다.

배식장소

- 건축물 주요 부분의 초점식재, 녹음식재, 주연부식재
- 공원 및 녹지의 초점식재, 녹음식재, 주연부식재

층층나무의 특징

- 한자명은 '육각수(六角樹)'인데 줄기 하나에 6개의 잎이 달린다.
- 5월의 나무 전체를 덮는 흰 꽃들이 매우 아름다우며, 밀원식물이다.
- 열매는 빨간색에서 검은색으로 익으며 조류의 먹이이다.
- 생장속도가 매우 빠르고 수관폭이 넓게 자라기에 넓은 공간에 식재하여야 한다.
- 생태복원용수종으로 사용 가능하다.
- 환경정화수종이다.(주택가)

산수유

Cornus officinalis S. et Z.
낙엽활엽교목/ 층층나무과

산수유의 열매는 강장제로 사용되며, 옛날 양반집에 많이 심었다.

앞면

뒷면

잎 길이 4~12㎝, 너비 2.5~6㎝, 잎의 끝은 뾰족하고 가장자리는 밋밋하다.

수피 회색빛을 띠는 갈색이며, 껍질이 벗겨진다.

꽃 3월, 잎이 피기 전에 20~30개의 작은 노란색 꽃들이 뭉쳐서 한 다발로 핀다.

열매 8월, 식용, 1.5~2.0㎝, 짙은 빨간색이다.

잎 마주나기이며, 단풍은 짙은 빨간색이다.

| 분포도 |

중부, 남부, 남해안지방

| 뿌리모양 |

수령 35년생, 흉고직경 23㎝, 수고 8m의 산수유 뿌리

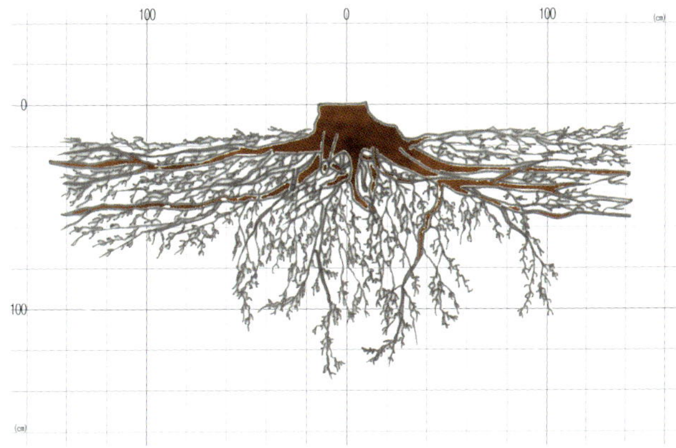

수직뿌리 천근성 **수평뿌리** 분산형 **잔뿌리** 많다

| 형태적 특성 |

성장 5~10m
수형 원정형

| 생태적 특성 |

내한성	보통	**내공해성**	약함
맹아력	강함	**내염성**	약함
음양성	양수	**토성**	사질양토
이식	용이	**양분**	비옥토
수분	적윤지	**생장속도**	빠름

| 조경설계적 특성 |

- 이른 봄 꽃이 매화에 이어 일찍 피기에 정원 및 공원에 봄을 알리며, 빨간 열매로 가을을 알린다.

배식장소

- 건축물 주변 경관식재, 주요 지점, 단지입구, 건축물 주 입구에 초점식재, 유도식재, 상징식재
- 공원 및 녹지의 초점식재, 경관식재, 상징식재

산수유의 특징

- 옛 선비들은 단단한 목재와 강장제로 사용되는 붉은 열매를 얻기 위해서 이 나무를 즐겨 심었다.
- 산수유와 비슷한 나무는 산에서 쉽게 볼 수 있는 생강나무인데 생강나무가 산수유 보다 꽃이 조금 일찍 핀다.
- 환경정화수종이다.(공장, 도로변)
- 전통조경수종으로 사용 가능하다.

산딸나무

Cornus kousa Buerg.
낙엽활엽교목/ 층층나무과

열매가 딸기와 닮았다고 해서 산딸나무이다.

앞면

뒷면

잎 길이 5~12cm, 너비 3.5~7cm, 가장자리에는 주름이 있으며, 잎맥이 선명하다.

수피 밝은 회색으로 껍질눈이 발달하였다.

꽃 4~5월, 길이 3~9cm, 너비 5~7cm, 흰색이다.

열매 10월, 지름 1.5~2.5cm, 가을의 빨간색의 열매가 마치 딸기 같은 모습이다.

잎 마주나기이며, 가을의 빨간색의 단풍이 매우 아름답다.

| 분포도 |

중부, 남부, 남해안지방

| 뿌리모양 |

수령 30년생, 흉고직경 20㎝, 수고 7m의 산딸나무 뿌리

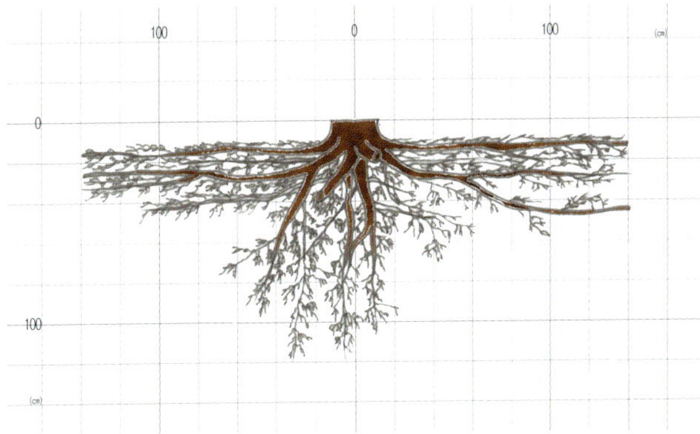

수직뿌리 천근성 **수평뿌리** 분산형 **잔뿌리** 많다

| 형태적 특성 |

성장 5~10m
수형 원정형

| 생태적 특성 |

내한성	보통	**내공해성**	보통
맹아력	강함	**내염성**	불량
음양성	중용수	**토성**	가리지 않음
이식	용이	**양분**	비옥토
수분	가리지 않음	**생장속도**	빠름→느림

| 조경설계적 특성 |

- 수형이 단정하고 흰색 꽃받침과 붉은색 열매가 아름다워 경관수로 사용한다.

배식장소

- 건축물 주요 녹지의 초점식재, 경관식재, 주변 녹지의 주연부식재
- 공원 및 녹지의 초점식재, 경관식재, 주연부식재, 법면식재

산딸나무의 특징

- 십자형의 꽃잎처럼 보이는 것은 꽃잎이 아니고 잎이 변해 만들어진 총포이며, 중심에 녹색 공처럼 보이는 것이 꽃이다.
- 생태복원용수종으로 사용 가능하다.

말채나무

Cornus walteri Wanger.
낙엽활엽교목/ 층층나무과

가지가 말 채찍으로 사용한 나무라서 말채나무이다.

수피 악어 등껍질처럼 갈라진다.

꽃 6월, 흰색, 밀원식물, 5개의 작은 꽃이 모여 큰 꽃처럼 보인다.

열매 9~10월, 검은색으로 익는다.

앞면 뒷면

잎 길이는 5~14㎝, 잎의 뒷면은 흰빛을 띠는 녹색이며, 단풍은 노란색이다.

| 형태적 특성 |

성장 15~20m
수형 타원형

| 분포도 |

북부, 중부, 남부, 남해안지방

| 생태적 특성 |

내한성	강함	**내염성**	강함
맹아력	강함	**토성**	사질양토
음양성	중용수	**양분**	비옥토
이식	불량	**생장속도**	느림
수분	적윤지	**근계분포**	심근성
내공해성	보통		

| 조경설계적 특성 |

- 전국의 어디서나 크게 자라는 나무이며, 꽃과 수피가 좋아 여러 용도로 사용 가능하다.

배식장소

- 건축물 주요 녹지 넓은 공간의 초점식재, 녹음식재, 주연부식재
- 공원 및 녹지의 넓은 공간의 초점식재, 녹음식재, 주연부식재
- 생태복원용수종으로 사용 가능하다.

노린재나무

Symplocos chinensis for. *pilosa* (Nak.) Ohwi
낙엽활엽(소)교목/ 노린재나무과

가지를 태우면 노란색의 재가 남는다고 해서 노린재나무이다.

수피 회색빛을 띠는 갈색, 어린 나무의 그물같은 수피가 성목이 되면 얕게 벗겨진다.

꽃 5월, 노란빛을 띠는 흰색, 흰색, 지름 8~10㎜, 꽃이 나무 전체를 덮으며 향기가 좋다.

열매 9월, 짙은 파란색이다.

앞면 뒷면

잎 어긋나기이며, 길이 3~7㎝, 단풍은 짙은 노란색이다.

| 형태적 특성 |

성장 2~3m
수형 타원형

| 분포도 |

북부, 중부, 남부, 남해안지방

| 생태적 특성 |

내한성	강함	내염성	강함
맹아력	보통	토성	가리지 않음
음양성	중용수	양분	보통토
이식	보통	생장속도	느림
수분	적윤지	근계분포	심근성
내공해성	약함		

| 조경설계적 특성 |

- 5월경 흰색 꽃이 나무 전체를 덮어 대단히 아름답고, 열매가 아름다워 다양한 용도로 사용 가능한 수종이다.

배식장소

- 건축물 주요 녹지의 경관식재, 주연부식재
- 공원 및 녹지의 경관식재, 주연부식재, 법면식재
- 황폐지, 경사지, 척박지 등의 토양환경이 좋지 않은 곳의 경관식재
- 생태복원용수종으로 사용 가능하다.

계수나무

Cercidiphyllum japonicum S. et Z.
낙엽활엽교목/ 계수나무과/ 연향수(連香樹)

푸른 하늘 은하수 하얀 쪽배에 계수나무 한 나무 토끼 한 마리···

앞면

뒷면

잎 길이와 너비가 3~7㎝, 잎 가장자리에 둔한 톱니가 있으며, 잎 뒷면은 옅은 녹색이다.

수피 회색빛을 띠는 갈색, 세로로 갈라져 박편으로 떨어진다.

계수나무 겨울눈

잎 마주나기이며, 단풍은 노란색이다.

겨울 계수나무 가로수

| 분포도 |

중부, 남부, 남해안지방

| 뿌리모양 |

수령 30년생, 흉고직경 18~20㎝, 수고 14~16m의 계수나무 뿌리

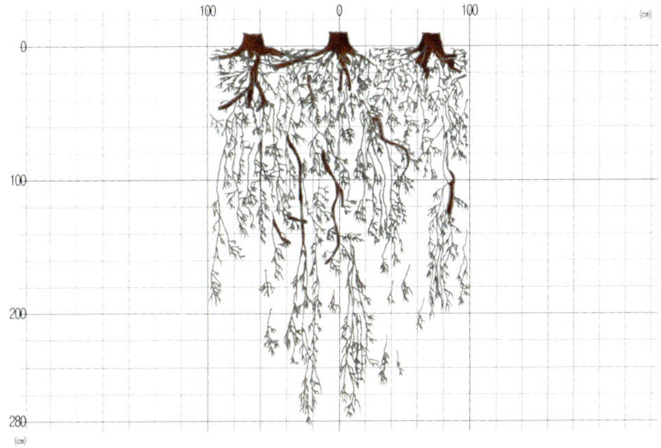

수직뿌리 심근성　**수평뿌리** 집중형　**잔뿌리** 많다

| 형태적 특성 |

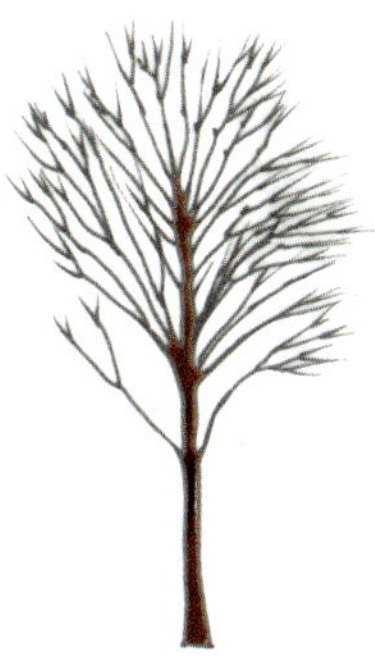

성장 20~30m
수형 타원형

| 생태적 특성 |

내한성	보통	**내공해성**	보통
맹아력	강함	**내염성**	강함
음양성	중용수→양수	**토성**	사질양토
이식	용이	**양분**	비옥토
수분	적윤지	**생장속도**	빠름

| 조경설계적 특성 |

- 수형과 가을 단풍이 아름다워 가로수 및 경관수로 사용한다.

배식장소

- 건축물 주변 경관식재, 단지 입구의 초점식재, 단지 쉼터의 녹음식재, 건축물 측벽 및 서향 벽의 온도저감식재
- 공원 및 녹지의 녹음식재, 경관식재, 초점식재
- 가로수식재

계수나무의 특징

- 토양수분이 많은 곳에서 생육이 좋으므로 식재 후 관수에 주의해야 한다.
- 뿌리에서 여러 개의 줄기가 올라오는 특징이 있다.

참빗살나무

Euonymus sieboldianus Bl.
낙엽활엽(소)교목/ 노박덩굴과

참빗살나무의 이름은 이를 잡는 참빗을 만드는 재료로 사용하였기에 붙여진 이름이다.

앞면

뒷면

잎 길이 5~15cm, 너비 2~8cm, 작은 톱니가 있다.

수피 수피의 흰색 선형이 명확히 나타난다.

꽃 5~6월, 꽃이 피지만 눈에 잘 보이지 않는다.

열매 10~11월, 빨간색의 열매가 나무 전체에 달려 매우 아름답다.

잎 마주나기이며, 단풍은 짙은 빨간색이다.

| 분포도 |

북부, 중부, 남부, 남해안지방

| 뿌리모양 |

수령 8년생, 근원직경 3~4cm, 수고 1.5m의 참빗살나무 뿌리

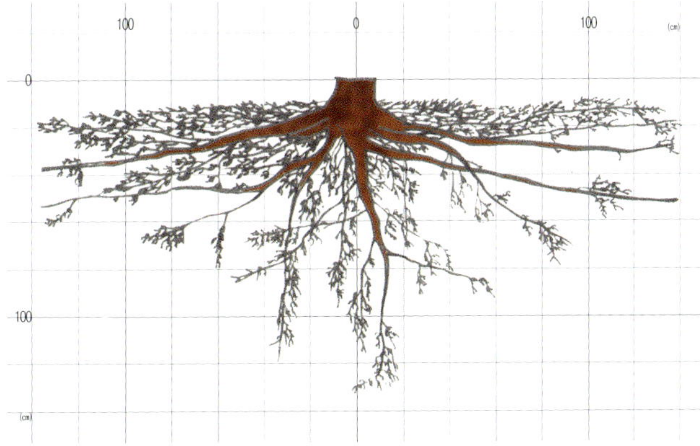

수직뿌리 중근성 **수평뿌리** 집중형 **잔뿌리** 많다

| 형태적 특성 |

성장 5~8m
수형 부채꼴형

| 생태적 특성 |

내한성	강함	**내공해성**	강함
맹아력	강함	**내염성**	강함
음양성	중용수	**토성**	사질양토
이식	용이	**양분**	보통토
수분	적윤지	**생장속도**	느림

| 조경설계적 특성 |

- 나무 전체에 꽃처럼 피는 가을의 열매와 단풍이 매우 아름다워 가을의 전령수로 사용하면 좋다.

배식장소

- 건축물 주요 녹지의 초점식재, 주변 녹지의 주연부식재, 경관식재
- 공원 및 녹지의 초점식재, 외곽 녹지의 주연부식재, 경관식재

참빗살나무의 특징

- 전국의 산에서 많이 자라는 나무이지만 조경용수로는 많이 사용하고 있지 않다.
- 생태복원용수종으로 사용 가능하다.

비목나무

Lindera erythrocarpa Mak.
낙엽활엽교목/ 녹나무과/ 보얀목/ 백목

비목나무의 이름은 수피가 흰색이어서 붙여진 이름이지만 수피의 색상은 옅은 갈색이다.

앞면

뒷면

잎 길이 9~12cm, 너비 4~5cm, 가장자리는 밋밋하다.

수피 옅은 갈색의 수피가 큰 나무가 되면 비늘처럼 떨어진다.

꽃 4~5월, 노란색 작은 꽃이 나무 전체에 핀다.

열매 9월, 빨간색 열매가 나무 전체에 달려 아름답다.

잎 어긋나기이며, 향기가 나고 단풍은 노란색으로 아름답다.

| 분포도 |

중부, 남부, 남해안지방

| 뿌리모양 |

수령 50년생, 흉고직경 21㎝, 수고 5m의 비목나무 뿌리

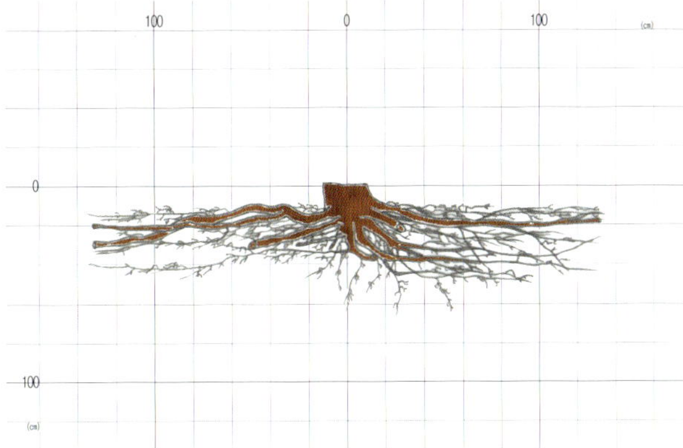

수직뿌리 중근성 **수평뿌리** 중간형 **잔뿌리** 많다

| 형태적 특성 |

성장 10~15m
수형 원정형

| 생태적 특성 |

내한성	보통	**내공해성**	약함
맹아력	강함	**내염성**	강함
음양성	중용수	**토성**	사질양토
이식	보통	**양분**	보통토
수분	적윤지	**생장속도**	빠름

| 조경설계적 특성 |

• 꽃, 열매, 수피가 아름다워 계절 특성수로 사용하면 좋다.

배식장소

• 건축물 주변 녹지의 경관식재, 외곽 녹지의 초점식재, 주연부식재
• 공원 및 녹지의 초점식재, 경관식재, 주연부식재

비목나무의 특징

• 전국의 산에서 많이 자라는 나무이지만 조경용수로 많이 사용하고 있지 않다.
• 생태복원용수종으로 사용 가능하다.

당단풍

Acer pseudosieboldianum (Pax) Kom.
낙엽활엽교목/ 단풍나무과/ 산단풍

가을철 우리나라의 산을 빨갛게 물들이는 나무이다.

수피 회색빛을 띠는 갈색으로 수피가 매끈하며 세로로 갈라진다.

꽃 5월에 피는 꽃은 빨간색을 띤다.

열매 9~10월, 길이 2㎝, 빨간색으로 익는다.

잎 마주나기이며, 9~11개로 갈라진다. 단풍은 빨간색과 노란색으로 매우 아름답다.

| 형태적 특성 |

성장 5~15m
수형 원형

| 분포도 |

북부, 중부, 남부, 남해안지방

| 생태적 특성 |

내한성	강함	내공해성	강함
맹아력	강함	내염성	강함
음양성	음수	토성	사질양토
이식	용이	양분	비옥토
수분	적윤지	생장속도	느림

| 조경설계적 특성 |

- 단풍이 매우 아름다워 가을을 알리는 가을의 전령수로 독립 또는 군식으로 식재하면 좋다.

배식장소

- 건축물 주요 녹지의 초점식재, 유도식재, 경관식재, 외곽 녹지의 주연부식재
- 공원 및 녹지의 초점식재, 유도식재, 경관식재, 외곽 녹지의 주연부식재
- 생태복원용수종으로 사용 가능하다.

복자기

Acer triflorum Kom.
낙엽활엽교목/ 단풍나무과

단풍나무 중에서 빨간색의 단풍이 가장 짙게 물드는 나무이다.

수피 회색빛을 띠는 갈색의 수피가 조각으로 떨어진다.

열매 9~10월 길이는 5cm, 너비는 1.5cm, 날개처럼 생겼다.

잎 길이 7~8cm, 너비 5cm, 잎 윗부분에 톱니가 있으며, 단풍은 빨간색과 노란색으로 매우 아름답다.

| 형태적 특성 |

성장 15~25m
수형 타원형

| 분포도 |

북부, 중부, 남부지방

| 생태적 특성 |

내한성	강함	내염성	약함
맹아력	보통	토성	사질양토
음양성	음수→양수	양분	보통토
이식	용이	생장속도	느림
수분	습윤지	근계분포	심근성
내공해성	보통		

| 조경설계적 특성 |

- 단풍이 매우 아름다워 가을을 알리는 가을의 전령수로 독립 또는 군식으로 식재하면 좋다.

배식장소

- 건축물 주요 공간의 초점식재, 경관식재, 유도식재, 외곽 녹지의 주연부식재
- 공원 및 녹지의 초점식재, 경관식재, 유도식재, 외곽 녹지의 주연부식재
- 생태복원용수종으로 사용 가능하다.

신나무

Acer ginnala Max.
낙엽활엽교목/ 단풍나무과

신나무는 단풍나무라는 이름을 갖지 않은 단풍나무이다.

수피 회색의 수피는 세로로 갈라진다.

열매 9월, 날개처럼 생긴 열매가 익는다.

앞면 뒷면

잎 마주나기이며, 길이 4~8cm, 너비 3~6cm, 3개로 갈라지며, 단풍은 짙은 빨간색으로 매우 아름답다.

| 형태적 특성 |

성장 5~10m
수형 원정형

| 분포도 |

북부, 중부, 남부, 남해안지방

| 생태적 특성 |

내한성	강함	내염성	강함
맹아력	강함	토성	사질양토
음양성	중용수	양분	비옥토
이식	용이	생장속도	보통
수분	적윤지	근계분포	천근성
내공해성	강함		

| 조경설계적 특성 |

- 단풍이 매우 아름다워 가을을 알리는 가을의 전령수로 독립 또는 군식으로 식재하면 좋다.

배식장소

- 건축물 주요 녹지의 초점식재, 외곽 녹지의 주연부식재, 유도식재
- 공원 및 녹지의 초점식재, 외곽 녹지의 주연부식재, 유도식재
- 공해에 강하고 이식이 용이하기에 가로수식재
- 생태복원용수종으로 사용 가능하다.

홍단풍

Acer palmatum var. *sangaineum* Nak.
낙엽활엽교목/ 단풍나무과

봄 · 여름 · 가을 빨간 단풍색을 띠고 있어 홍단풍이라 부른다.

수피 성장하면서 녹색→회색으로 변한다.

열매 9월, 날개처럼 생긴 열매가 익는다.

잎 마주나기이며, 잎이 7~9개로 갈라지며, 봄철의 빨간색이 점차 푸르러지기도 한다.

| 형태적 특성 |

성장 7~13m
수형 원정형

| 분포도 |

중부, 남부, 남해안지방

| 생태적 특성 |

내한성	보통	내공해성	강함
맹아력	강함	내염성	약함
음양성	중용수	토성	사질양토
이식	용이	양분	비옥토
수분	적윤지	생장속도	느림

| 조경설계적 특성 |

- 일본에서 육종한 단풍으로 항상 빨간색을 띠고 있으나, 토성에 따라 빨간색이 녹색으로 변하기도 한다.

배식장소

- 건축물 주요 공간의 초점식재, 경관식재
- 공원 주요 공간의 초점식재, 경관식재

중국단풍

Acer buergerianum Miq.
낙엽활엽교목/ 단풍나무과

중국단풍의 잎은 오리발처럼 생겼다.

앞면

뒷면

잎 길이 4~8㎝, 잎이 3개로 얕게 갈라지며, 끝부분은 뾰족하다.

수피 수피는 노란빛을 띠는 갈색으로 오래되면 얇게 벗겨진다.

열매 10월, 길이는 2~2.5㎝, 날개처럼 생긴 열매가 익는다.

잎 마주나기이며, 단풍은 빨간색 또는 노란색이며 아름답다.

| 분포도 |

중부, 남부, 남해안지방

| 뿌리모양 |

수령 40년생, 흉고직경 22㎝, 수고 8m의 중국단풍 뿌리

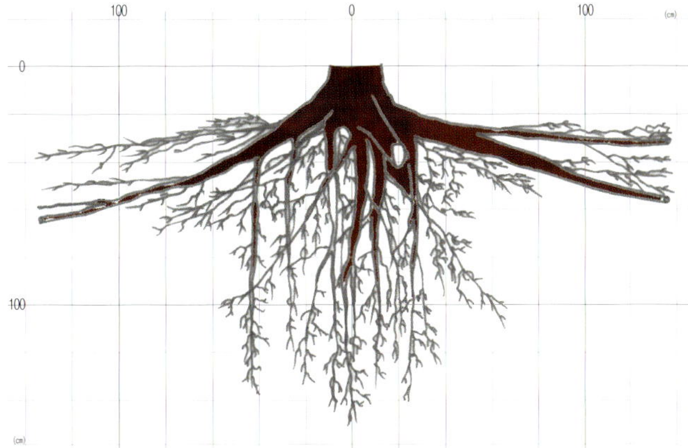

수직뿌리 천근성 **수평뿌리** 중간형 **잔뿌리** 적다

| 형태적 특성 |

성장 10~15m
수형 타원형

| 생태적 특성 |

내한성	보통	내공해성	강함
맹아력	강함	내염성	약함
음양성	중용수	토성	사질양토
이식	용이	양분	비옥토
수분	적윤지	생장속도	빠름

| 조경설계적 특성 |

- 줄기가 곧고 수형이 단정해 독립수 및 군식으로 식재하면 좋다.

배식장소

- 건축물 주변 녹지의 초점식재, 녹음식재, 경관식재
- 공원 및 녹지의 초점식재, 녹음식재, 경관식재
- 가로수식재

중국단풍의 특징

- 수피가 얇게 벗겨지기에 이식 후 수간보호를 해주는 것이 생육에 좋다.

고로쇠나무

Acer mono Max.
상록활엽교목/ 단풍나무과

고로쇠나무의 수액이 뼈에 좋아 '골리수(骨利樹)' 에서 유래되어 고로쇠나무가 되었다.

앞면

뒷면

잎 잎은 5~7개로 갈라지며, 가장자리는 밋밋하다.

수피 회색빛을 띠는 갈색으로 얕게 세로로 갈라진다.

열매 10월, 2~3㎝로 달리는 열매는 날개모양으로 열린다.

잎 마주나기이며, 단풍은 노란색이며, 아름답다.

| 분포도 |

북부, 중부, 남부, 남해안지방

| 뿌리모양 |

수령 60년생, 흉고직경 28㎝, 수고 12m의 고로쇠나무 뿌리

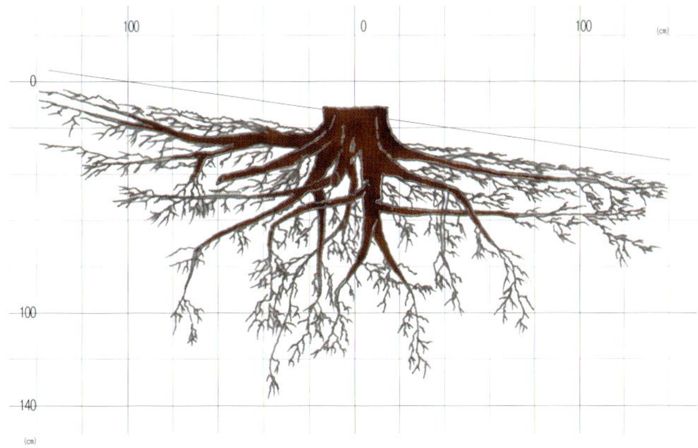

수직뿌리 천근성 **수평뿌리** 중간형 **잔뿌리** 보통

| 형태적 특성 |

성장 15~20m
수형 원형

| 생태적 특성 |

내한성	강함	**내공해성**	약함
맹아력	보통	**내염성**	강함
음양성	중용수	**토성**	사질양토
이식	용이	**양분**	비옥토
수분	습윤지	**생장속도**	빠름

| 조경설계적 특성 |

- 수형이 정연하고 가을단풍이 아름다워 다양한 용도로 사용하는 수종이다.

배식장소

- 건축물 주변 주요 지점의 초점식재, 녹음식재 외곽 녹지의 주연부식재
- 공원 및 녹지의 초점식재, 녹음식재, 외곽 녹지의 주연부 식재

고로쇠나무의 특징

- 단풍나무 중에서 가장 크게 자란다.
- 고로쇠나무의 수액은 위장병, 신경통 등에 효과가 있다고 알려져 있다.
- 생태복원용수종으로 사용 가능하다.

누리장나무

Clerodendrum trichotomum Thunb.
낙엽활엽(소)교목/ 마편초과/ 취오동

나무 전체에서 누린내가 나기에 누리장나무이다.

앞면

뒷면

잎 길이 5~12㎝, 가장자리에 톱니가 있거나 밋밋하다.

수피 회색빛을 띠는 갈색으로 껍질눈이 발달하였다.

꽃 8~9월, 흰색과 옅은 빨간색으로 피는 꽃이 매우 특이하다.

열매 10월, 검은색과 빨간색으로 익는 열매는 여우눈처럼 매우 특이하다.

잎 마주나기이며, 단풍은 노란색이다.

| 분포도 |

중부, 남부, 남해안지방

| 뿌리모양 |

수령 25년생, 흉고직경 21cm, 수고 6m의 누리장나무 뿌리

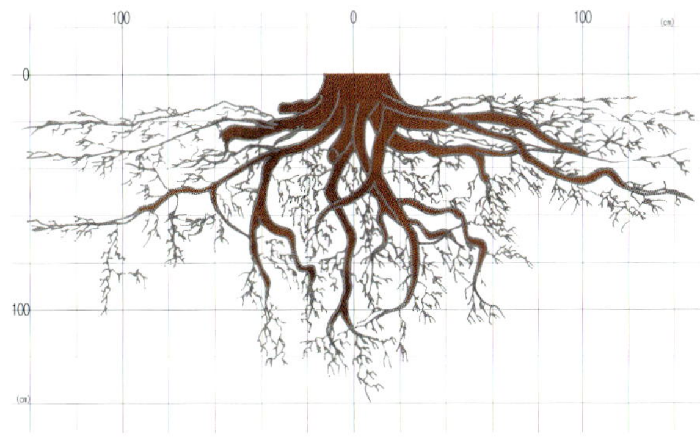

수직뿌리 천근성 **수평뿌리** 집중형 **잔뿌리** 많다

| 형태적 특성 |

성장 3~5m
수형 원정형

| 생태적 특성 |

내한성	보통	**내공해성**	강함
맹아력	강함	**내염성**	강함
음양성	중용수	**토성**	사질양토
이식	보통	**양분**	척박토
수분	건조지	**생장속도**	빠름

| 조경설계적 특성 |

- 나무에서 누린내가 나서 우리나라에서는 조경용으로 많이 심지 않지만, 외국에서는 꽃과 열매가 매우 독특하여 경관수로 식재한다.

배식장소

- 건축물 외곽 녹지의 경관식재
- 공원 외곽 녹지의 경관식재
- 법면, 절개지, 황폐지 등의 경관식재

누리장나무의 특징

- 누리장나무의 잎이 오동나무와 비슷하여 취오동이라한다.
- 누리장나무의 어린잎은 나물로 식용한다.

모감주나무

Koelreuteria paniculata Laxm.
낙엽활엽교목/ 무환자나무과/ 염주나무

모감주나무 열매는 염주를 만드는데 사용한다.

앞면

뒷면

잎 기수 1회 우상복엽으로 길이 25~30㎝ 이다.

수피 수피는 회색빛을 띠는 갈색으로 세로로 갈라진다.

꽃 6~7월, 노란색 꽃이 가지 끝에 아름답게 피어 수관을 덮는다.

열매 9~10월, 길이 4~5㎝, 꽈리모양의 열매가 달린다.

잎 어긋나기이며, 단풍은 노란색 또는 빨간색이며, 매우 아름답다.

| 분포도 |

중부, 남부, 남해안지방

| 뿌리모양 |

수령 25년생, 흉고직경 18㎝, 수고 4m의 모감주나무 뿌리

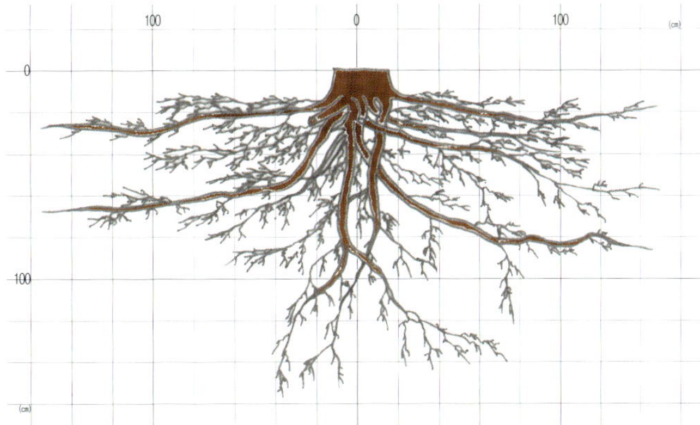

수직뿌리 심근성 **수평뿌리** 중간형 **잔뿌리** 적다

| 형태적 특성 |

성장 10~15m
수형 원정형

| 생태적 특성 |

내한성	보통	**내공해성**	강함
맹아력	보통	**내염성**	강함
음양성	양수	**토성**	가리지 않음
이식	용이	**양분**	척박토
수분	건조지	**생장속도**	매우 빠름

| 조경설계적 특성 |

• 꽃, 열매, 단풍, 수형이 아름답기에 다양한 용도의 수종으로 사용한다.

배식장소

• 건축물 주요 녹지의 초점식재, 경관식재, 건축물 주변 주연부식재
• 공원 및 녹지의 초점식재, 경관식재, 주연부식재
• 건조지, 척박지, 황폐지 등 토양환경이 좋지 않은 곳의 경관식재
• 가로수식재

모감주나무의 특징

• 여름철 수수이삭 같은 노란색 꽃이 나무 전체를 덮어 매우 아름답다.

보리수나무

Elaeagnus umbellata Thunb.
낙엽활엽(소)교목/ 보리수나무과

우리나라의 보리수나무는 석가모니 부처님과는 관계없다.

앞면

뒷면

잎 길이 3~7㎝, 너비 1~2.5㎝, 흰점이 있으며, 뒷면은 흰색빛을 띤다.

수피 짙은 회색이며, 밑둥치부터 줄기가 여러 개 올라온다.

꽃 5~6월, 흰색→노란색의 꽃이 나무 전체에 피며, 꿀이 많아 밀원식물로 사용된다.

열매 10월, 길이 6~8㎜, 빨간색으로 익으며, 식용이 가능하다.

잎 어긋나기이며, 단풍은 노란색이다.

| 분포도 |

북부, 중부, 남부, 남해안지방

| 뿌리모양 |

수령 8년생, 근원직경 3~4㎝, 수고 1.4m의 보리수나무 뿌리

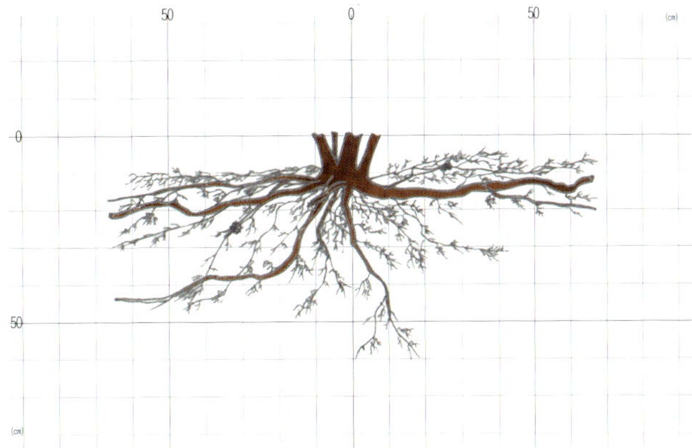

수직뿌리 천근성 **수평뿌리** 분산형 **잔뿌리** 적다

| 형태적 특성 |

성장 3~5m
수형 부채꼴형

| 생태적 특성 |

내한성	강함	**내공해성**	강함
맹아력	강함	**내염성**	강함
음양성	중용수	**토성**	사질양토
이식	용이	**양분**	척박토
수분	건조지	**생장속도**	빠름

| 조경설계적 특성 |

- 흰색으로 피어 노란색으로 변하는 꽃이 향기가 좋으며 빨간색의 열매가 아름다워 다양한 용도로 사용하는 수종이다.

배식장소

- 건축물 주변 녹지에 군식으로 초점식재, 울타리식재, 경관식재
- 공원 및 녹지에 군식으로 초점식재, 울타리식재, 경관식재
- 건조지, 척박지, 황폐지 등 토양환경이 좋지 않은 곳의 경관식재, 법면식재

보리수나무의 특징

- 보리수나무의 뿌리에는 뿌리혹박테리아가 있어 법면 등의 척박한 토양을 비옥하게 한다.

뜰보리수

Elaeagnus multiflora Thunb.
낙엽활엽(소)교목/ 보리수나무과

뜰보리수나무는 보리수나무보다 열매가 크고 달다.

앞면

뒷면

잎 길이 3~7㎝, 너비 1~2.5㎝, 뒷면은 은색빛을 띠는 흰색 털이 많아 부드럽다.

수피 회색으로 밑둥치부터 줄기가 여러개 올라 온다.

꽃 5~6월, 옅은 노란색 꽃이 나무 전체를 덮으며, 꿀이 많아 밀원식물로 사용된다.

열매 10월, 길이 1.5㎝, 빨간 색으로 익으며, 열매가 달아 식용이 가능하다.

잎 어긋나기이며, 단풍은 노란색이다.

| 분포도 |

북부, 중부, 남부, 남해안지방

| 뿌리모양 |

수령 10년생, 근원직경 2.0㎝, 수고 1.0m의 뜰보리수나무 뿌리

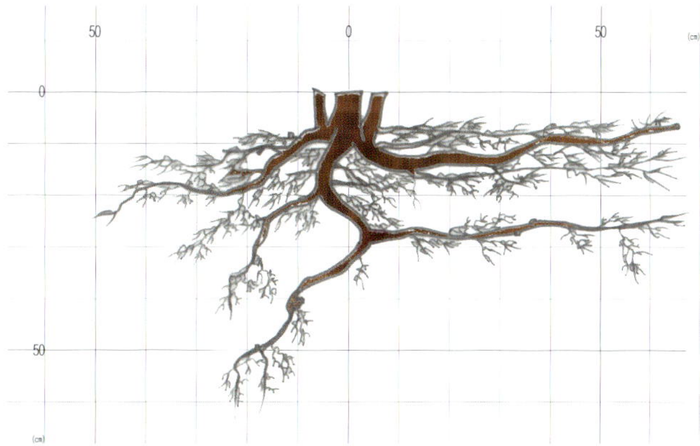

수직뿌리 천근성 **수평뿌리** 분산형 **잔뿌리** 적다

| 형태적 특성 |

성장 3~5m
수형 부채꼴형

| 생태적 특성 |

내한성	강함	내공해성	강함
맹아력	강함	내염성	강함
음양성	중용수	토성	사질양토
이식	용이	양분	척박토
수분	건조지	생장속도	빠름

| 조경설계적 특성 |

- 옅은 노란색 꽃은 향기가 좋으며 빨간색의 열매가 아름다워 다양한 용도로 사용하는 수종이다.

배식장소

- 건축물 주변 녹지에 군식으로 초점식재, 울타리식재, 경관식재
- 공원 및 녹지에 군식으로 초점식재, 울타리식재, 경관식재
- 건조지, 척박지, 황폐지 등 토양환경이 좋지 않은 곳의 경관식재, 법면식재

뜰보리수나무의 특징

- 맹아력이 좋아 전정에 강하므로 울타리식재에 사용 가능하다.
- 뜰보리수나무에는 뿌리에는 뿌리혹박테리아가 있어 법면 등의 척박한 토양을 비옥하게 한다.
- 열매가 보리수나무보다 크고 맛있다.

배롱나무

Lagerstroemia indica L.
낙엽활엽교목/ 부처꽃과/ 백일홍/ 자미화/ 간지름나무/ 목백일홍

여름에 백일동안 꽃이 핀다 하여 '백일홍(百日紅)' 또는 '목백일홍'이 배롱나무이다.

앞면

뒷면

잎 길이 2.5~7㎝, 잎이 두꺼우며 표면에는 광택이 난다.

수피 수피는 평활하고 매우 매끈하며, 수피가 벗겨진 자리는 흰색이다.

꽃 7~8월, 가지 끝에 피는 꽃은 100일 이상 피고 지며, 매우 아름답다.

열매 10월, 갈색으로 익는다.

| 분포도 |

남부, 남해안지방

| 뿌리모양 |

수령 35년생, 흉고직경 20㎝, 수고 6m의 배롱나무 뿌리

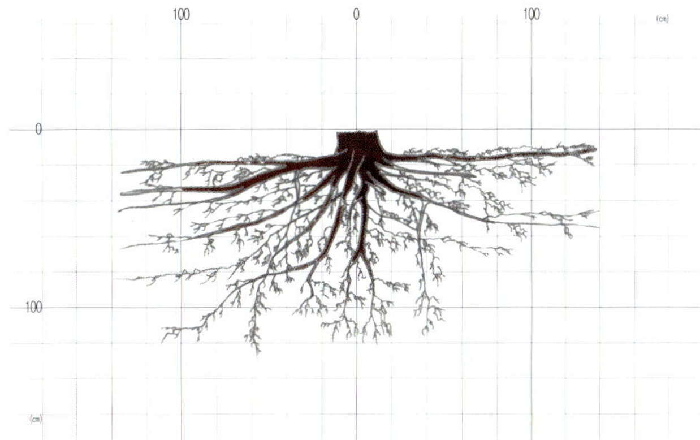

수직뿌리 중근성 **수평뿌리** 중간형 **잔뿌리** 적다

| 형태적 특성 |

성장 5~10m
수형 원정형

| 생태적 특성 |

내한성	약함	**내공해성**	보통
맹아력	보통	**내염성**	강함
음양성	양수	**토성**	사질양토
이식	용이	**양분**	비옥토
수분	적윤지	**생장속도**	빠름→느림

| 조경설계적 특성 |

- 배롱나무는 꽃이 귀한 여름철에서 가을까지 피는 나무로 어느 장소에나 경관수로 적합하다.

배식장소

- 건축물 주요 녹지의 초점식재, 경관식재, 상징식재
- 공원 및 녹지의 초점식재, 경관식재, 상징식재

배롱나무의 특징

- 「양화소록」에는 "비단과 같은 꽃이 노을빛에 곱게 물들어, 정원에 사람의 혼을 뺄 정도로 환하고 아름답게 피어 있으니 품격이 최고다." 라고 하였다.[8)]
- 호남 사림(士林)의 원림에서 배롱나무가 흔히 보이며, 영남의 사림에는 매화나무를 더 많이 심었다.[8)]
- 주택, 사찰, 서원, 제실 묘지 주변에 식재하였다.
- 전통조경수종으로 사용 가능하다.(부귀와 영화 상징)
- 환경정화수종이다.(주택가)

석류나무

Punica granatum L.
낙엽활엽(소)교목/ 석류나무과

석류는 예로부터 씨앗이 많아 '자손번영'을 상징하는 나무이다.

앞면

뒷면

잎 길이 2~6cm, 너비 1~2cm, 광택이 난다.

수피 작은 가지가 많이 나오며 수피가 거칠다.

꽃 5~6월, 주홍색 꽃이 피며, 매우 아름답다.

열매 9~10월, 빨간색으로 익는 열매는 크고 탐스러우며, 열매가 터져 씨앗이 보이는 모습은 매우 아름답다.

잎 마주나기이며, 늦가을의 단풍은 노란색이며, 매우 아름답다.

| 분포도 |

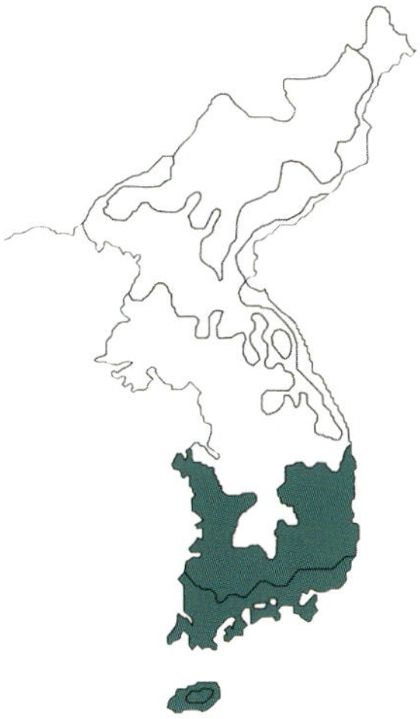

남부, 남해안지방

| 뿌리모양 |

수령 15년생, 흉고직경 10㎝, 수고 4m의 석류나무 뿌리

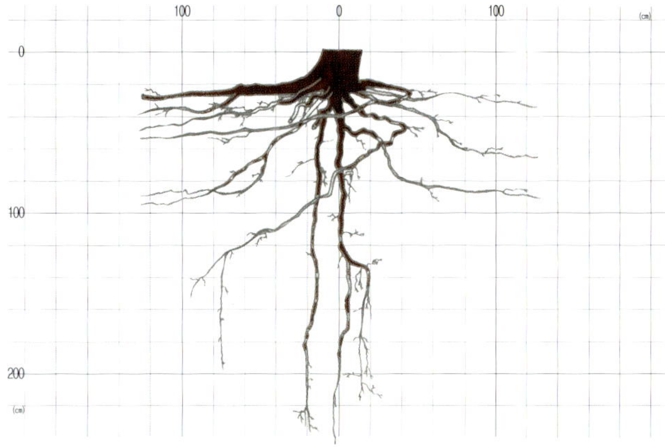

수직뿌리 중근성 **수평뿌리** 집중형 **잔뿌리** 적다

| 형태적 특성 |

성장 4~10m
수형 원정형

| 생태적 특성 |

내한성	약함	**내공해성**	보통
맹아력	강함	**내염성**	강함
음양성	양수	**토성**	사질양토, 식양토
이식	용이	**양분**	비옥토
수분	적윤지	**생장속도**	느림

| 조경설계적 특성 |

• 주홍색 꽃과 열매, 단풍이 아름다워 다양한 용도의 수종으로 사용한다.

배식장소

• 건축물 주요 부분의 초점식재, 경관식재, 주택정원의 초점식재, 상징식재
• 공원 및 녹지 주요 부분의 초점식재, 경관식재, 상징식재

석류나무의 특징

• 독립수로 단식의 식재도 좋지만 2~3주의 이등변삼각형식재도 매우 좋다.
• 수형이 자연스러워 전통정원 및 자연풍경식 정원에 잘 어울리는 수종이다.
• 전통조경수종으로 사용 가능하다.(다산과 자손번영의 상징)

양버즘나무

Platanus occidentalis L.
낙엽활엽교목/ 버즘나무과/ 플라타너스

「플라타너스」는 알아도 양버즘나무는 모르는 사람이 더 많다.

앞면

뒷면

잎 너비 10~20㎝,
잎이 3~5개로 갈라진다.

수피 회색빛을 띠는 갈색의 수피가 조각조각 떨어져 나가 얼룩무늬를 만든다.

열매 지름 3㎝, 열매가 1개씩 달린다.

잎 단풍은 노란색이다.

| 분포도 |

북부, 중부, 남부, 남해안지방

| 뿌리모양 |

수령 22년생, 흉고직경 28cm, 수고 14m의 버즘나무 뿌리

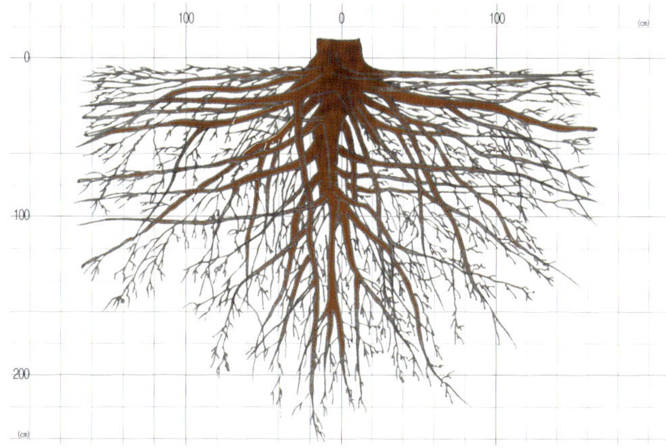

수직뿌리 중근성 **수평뿌리** 분산형 **잔뿌리** 적다

| 형태적 특성 |

성장 40m
수형 원형

| 생태적 특성 |

내한성	강함	**내공해성**	강함
맹아력	강함	**내염성**	보통
음양성	중용수	**토성**	가리지 않음
이식	용이	**양분**	가리지 않음
수분	적윤지	**생장속도**	매우 빠름

| 조경설계적 특성 |

- 세계 4대 가로수의 하나로 세계 각 지역에서 가로수 및 녹음수로 식재하고 있다.

배식장소

- 건축물 주변 넓은 공간의 초점식재, 녹음식재, 유도식재
- 공원 및 녹지의 넓은 공간의 초점식재, 녹음식재, 유도식재
- 가로수식재

양버즘나무의 특징

- 매연과 공해에 매우 잘 견디며, 척박한 토양에서도 잘 자란다.
- 양버즘나무는 열매가 1개씩 열린다.
- 단풍버즘나무는 열매가 2개씩 열린다.
- 버즘나무는 열매가 3~5개씩 열린다.
- 환경정화수종이다.(공장, 가로변)

벽오동

Firmiana simplex (L.) W.F.Wight.
낙엽활엽교목/ 벽오동과/ 청오동

수피의 색깔이 푸른색이어서 벽오동(碧梧桐)이다.

앞면

뒷면

잎 길이 16~25㎝, 잎은 크게 3개로 갈라진다.

수피 어릴 때는 녹색이지만 성장하면서 회색빛을 띠는 백색으로 변한다.

꽃 6~7월, 암수한그루, 짙은 노란색의 작은 꽃이 모여 한 덩어리로 보인다.

열매 10월, 포에 달린 갈색의 열매는 먹을 수 있다.

| 분포도 |

중부, 남부, 남해안지방

| 뿌리모양 |

수령 50년생, 흉고직경 24㎝, 수고 17m의 벽오동 뿌리

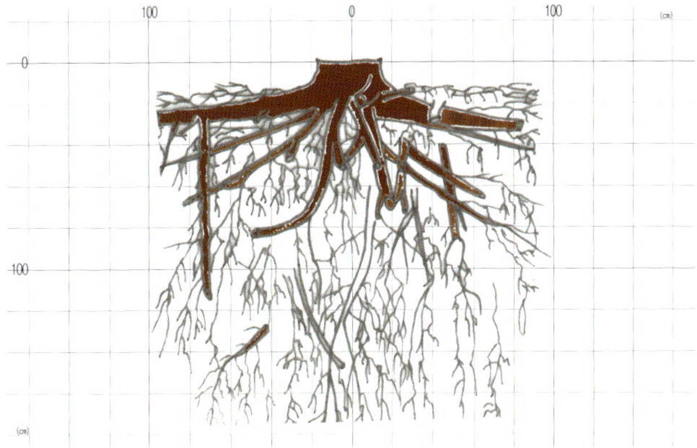

수직뿌리 심근성 **수평뿌리** 집중형 **잔뿌리** 적다

| 형태적 특성 |

성장 15~20m
수형 타원형

| 생태적 특성 |

내한성	보통	**내공해성**	보통
맹아력	보통	**내염성**	강함
음양성	양수	**토성**	사질양토
이식	불량	**양분**	비옥토
수분	적윤지	**생장속도**	매우 빠름

| 조경설계적 특성 |

- 잎이 크고 생장속도가 매우 빠르기에 녹음수로 적합하다.

배식장소

- 건축물 주변 녹지의 초점식재, 녹음식재, 유도식재
- 공원 및 녹지의 초점식재, 녹음식재, 유도식재

벽오동의 특징

- 전설의 새 봉황이 앉는 나무라 하여 벽오동을 길상의 나무로 여겼다.[9]
- 벽오동은 깨끗하고 귀족적인 선비의 나무로 서당, 서재 부근에 식재하였다.[9]
- 조선시대 그림에는 선비가 거처하는 집의 서재나 앞마당에 벽오동이 심겼다.[9]
- 전통조경수종으로 사용 가능하다.(길상, 귀족적인 선비의 나무를 상징)

자작나무

Betula platyphylla var. *japonica* (Miq.) H. Hara
낙엽활엽교목/ 자작나무과

나무를 태우면 자작자작 하는 소리가 나서 자작나무라는 이름이 붙었다.

앞면

뒷면

잎 길이 5~7㎝, 톱니가 있다.

수피 흰색의 수피가 수평으로 벗겨진다.

열매 9월, 길이 4㎝, 밑으로 처지며, 갈색으로 익는다.

잎 어긋나기이다.

겨울 남이섬의 자작나무

| 분포도 |

한대, 북부, 중부지방

| 뿌리모양 |

수령 35년생, 흉고직경 31㎝, 수고 14m의 자작나무 뿌리

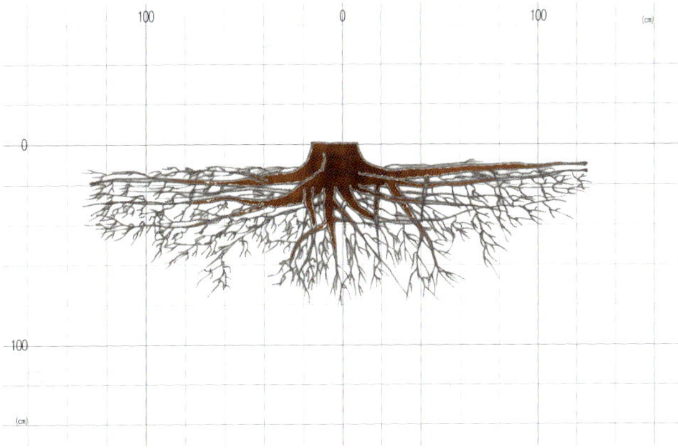

수직뿌리 천근성 **수평뿌리** 집중형 **잔뿌리** 적다

| 형태적 특성 |

성장 20m
수형 원주형

| 생태적 특성 |

내한성	강함	**내공해성**	약함
맹아력	약함	**내염성**	약함
음양성	극양수	**토성**	사질양토
이식	불량	**양분**	비옥토
수분	적윤지	**생장속도**	빠름

| 조경설계적 특성 |

- 흰색의 수피가 매우 아름다워 군식으로 추운 지방에 경관수로 적합하다.

배식장소

- 건축물 주요 녹지의 경관식재, 외곽 녹지의 유도식재, 주연부식재
- 공원 및 녹지의 초점식재, 외곽 녹지의 유도식재, 주연부식재

자작나무의 특징

- 추운 지방에서 잘 자라는 나무로 중부이남에서는 생장이 좋지 않다.
- 자작나무와 비슷한 흰색을 띠는 나무로는 고산에 잘 자라는 거제수나무와 사스래나무가 있다.
- 생태복원용수종으로 사용 가능하다.

서어나무

Carpinus laxiflora (S et Z.) Bl.
낙엽활엽교목/ 자작나무과

서어나무의 줄기는 남성의 울퉁불퉁한 근육처럼 보인다.

앞면

뒷면

잎 길이 5.5~7.2㎝, 너비 2.5~4㎝, 잎 끝이 뾰족하며, 엽맥이 뚜렷하고 톱니가 날카롭다.

수피 검은빛을 띠는 회색, 울퉁불퉁하다.

꽃 4~5월, 누에고치 같은 노란빛을 띠는 빨간색 꽃이 핀다.

열매 9월, 열매가 밑으로 기다랗게 여러 층으로 달리는 것이 마치 잎 같다.

잎 어긋나기이며, 단풍은 주황색이다.

| 분포도 |

중부, 남부, 남해안지방

| 뿌리모양 |

수령 40년생, 흉고직경 24㎝, 수고 14m의 서어나무 뿌리

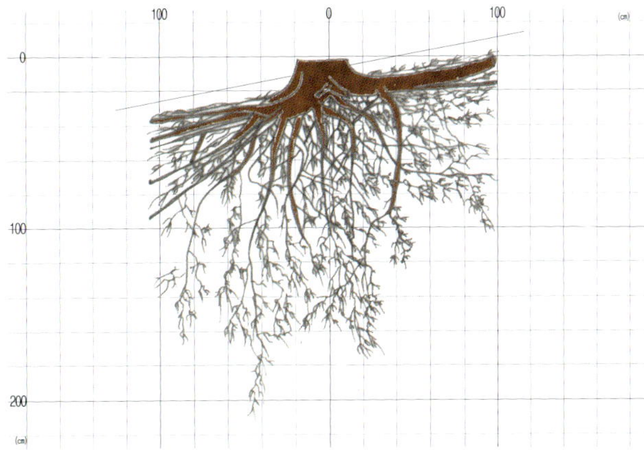

수직뿌리 천근성 **수평뿌리** 집중형 **잔뿌리** 보통

| 형태적 특성 |

성장 15~20m
수형 원정형

| 생태적 특성 |

내한성	보통	**내공해성**	약함
맹아력	약함	**내염성**	약함
음양성	중용수	**토성**	가리지 않음
이식	강함	**양분**	척박토
수분	적윤지, 건조지	**생장속도**	빠름

| 조경설계적 특성 |

- 사방으로 가지가 뻗어 넓은 수관을 만들며, 단풍이 좋아 다양한 용도의 수종으로 사용 가능하다.

배식장소

- 건축물 주변 독립수로 녹음식재, 유도식재, 경관식재, 외곽 녹지의 주연부식재
- 공원 및 녹지의 녹음식재, 유도식재, 경관식재, 외곽 녹지의 주연부식재
- 건조지, 척박지, 황폐지 등 토양환경이 좋지 않은 곳의 경관식재, 법면식재

서어나무의 특징

- 우리나라 산림의 주요 수종으로 온대림의 극상림이다.
- 개서어나무는 남부지방의 숲 속에 자생한다.
- 조경수종으로 개발할 가치가 있다.
- 서어나무의 엽맥은 10~12쌍이며, 개서어나무는 엽맥은 12~15쌍이다.
- 생태복원용수종으로 사용 가능하다.
- 환경정화수종이다.(주택가)

노각나무

Stewartia pseudocamellia Max.
낙엽활엽교목/ 차나무과/ 비단나무/ 금수목

줄기의 무늬가 사슴무늬를 닮아 '녹각(鹿角)나무' 에서 노각나무로 바뀌었다.

앞면

뒷면

잎 길이 4~10cm, 너비 2~5cm, 가장자리에 톱니가 있다.

수피 빨간빛을 띠는 갈색의 다양한 얼룩무늬로 배롱나무처럼 매끈하다.

꽃 6~7월, 흰색 꽃이 피며, 아름답다.

열매 10월, 송곳모양의 오각형 열매가 특이하다.

잎 어긋나기이며, 단풍은 짙은 노란색 또는 주황색이며, 매우 아름답다.

| 분포도 |

북부, 중부, 남부, 남해안지방

| 뿌리모양 |

수령 50년생, 흉고직경 24㎝, 수고 14m의 노각나무 뿌리

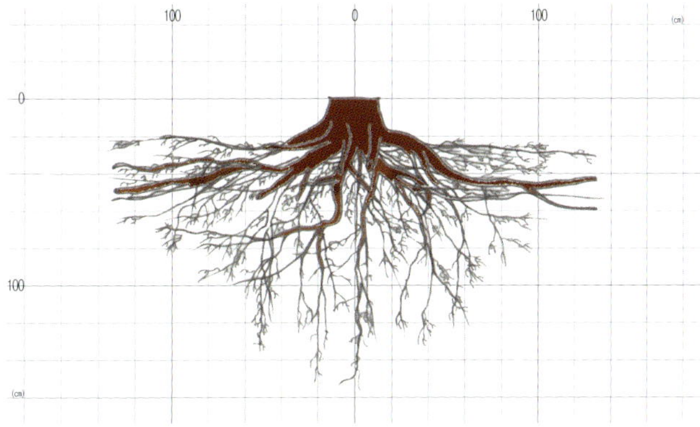

수직뿌리 천근성 **수평뿌리** 집중형 **잔뿌리** 적다

| 형태적 특성 |

성장 10~15m
수형 타원형

| 생태적 특성 |

내한성	강함	**내공해성**	강함
맹아력	강함	**내염성**	보통
음양성	중용수, 음수	**토성**	사질양토
이식	보통	**양분**	비옥토
수분	적윤지	**생장속도**	느림

| 조경설계적 특성 |

- 직립성의 수형이 아름답고 꽃, 수피, 단풍이 아름다워 다양한 용도의 수종으로 사용 가능하다.

배식장소

- 건축물 주변 독립수, 주요 지점의 초점식재, 녹음식재, 유도식재, 주연부식재
- 공원 및 녹지의 초점식재, 녹음식재, 유도식재, 주연부식재
- 가로수식재

노각나무의 특징

- 공해에 강하고 수형, 꽃, 수피가 아름답다.
- 생태복원용수종으로 사용 가능하다.

황벽나무

Phellodendron amurense Rupr.
낙엽활엽교목/ 운향과/ 황경나무

수피를 벗기면 짙은 노란색이라 황벽나무라는 이름이 붙었다.

앞면

뒷면

잎 길이 5~10㎝, 너비 3~5㎝, 기수 1회 우상복엽이며, 광택이 난다.

수피 회색의 코르크질층이 발달하였으며, 수피를 벗기면 짙은 노란색이다.

꽃 6월, 노란빛을 띠는 녹색의 꽃이 핀다.

열매 9~10월, 검은색으로 익으며, 겨울 동안 나무에 달려 조류의 먹이가 된다.

잎 마주나기이며, 단풍은 노란색이며, 매우 아름답다.

| 분포도 |

북부, 중부, 남부, 남해안지방

| 뿌리모양 |

수령 15년생, 흉고직경 22㎝, 수고 8m의 황벽나무 뿌리

수직뿌리	심근성	수평뿌리	중간형	잔뿌리	적다

| 형태적 특성 |

성장 10~15m
수형 원정형

| 생태적 특성 |

내한성	강함	내공해성	강함
맹아력	약함	내염성	약함
음양성	중용수	토성	사질양토
이식	보통	양분	비옥토
수분	적윤지	생장속도	보통

| 조경설계적 특성 |

- 줄기가 곧게 자라고 사방으로 자라며, 단풍이 매우 아름다워 독립수 또는 군식으로 식재하면 좋다.

배식장소

- 건축물 주변 녹지의 초점식재, 녹음식재, 유도식재, 주연부식재
- 공원 및 녹지의 녹음식재, 외곽 녹지의 주연부식재

황벽나무의 특징

- 병충해에 대한 저항성이 높다.
- 수피의 속껍질은 짙은 노란색인데 이를 황벽이라 한다.
- 생태복원용수종으로 사용 가능하다.

쉬나무

Evodia daniellii Hemsl.
낙엽활엽교목/ 운향과/수유나무

옛날에는 쉬나무의 열매로 기름을 짜서 등불을 밝히기 위해 민가에서 심었다.

꽃 8월, 흰색의 꽃은 나무 전체에 핀다.

열매 11월, 빨간색으로 익는 열매는 기름을 짤 수 있다.

잎 마주나기이며, 길이 5~12㎝, 기수 1회 우상복엽이며, 단풍은 노란색이며, 아름답다.

| 형태적 특성 |

성장 10m
수형 타원형

| 분포도 |

중부, 남부,남해안지방

| 생태적 특성 |

내한성	보통	내공해성	강함
맹아력	보통	내염성	강함
음양성	양수	토성	사질양토
이식	보통	양분	척박토
수분	건조지	생장속도	매우 빠름

| 조경설계적 특성 |

- 꽃과 열매가 아름다워 경관수로 적합하다.
- 공해에 강하고, 맹아력이 좋다.

배식장소

- 건축물 주요 녹지의 초점식재, 녹음식재 유도식재
- 공원 및 녹지의 초점식재, 녹음식재, 유도식재
- 가로수식재

가죽나무

Ailanthus altissima Swingle
낙엽활엽교목/ 소태나무과/ 가중나무

참죽나무 잎은 먹을 수 있지만, 가죽나무 잎은 먹을 수 없어 가짜 죽나무이다.

수피 검은빛을 띠는 갈색의 수피는 세로로 얕게 갈라진다.

열매 9~10월, 길이 3~4㎝, 너비 1㎝, 갈색으로 익는다.

꽃 6~7월, 7~8㎜의 꽃은 녹색빛을 띠는 흰색으로 핀다.

앞면 뒷면

잎 길이는 40~80㎝, 기수 1회 우상복엽이며, 소엽은 13~25개 이다.

| 형태적 특성 |

성장 15~20m
수형 원정형

| 분포도 |

북부, 중부, 남부, 남해안지방

| 생태적 특성 |

내한성	강함	**내공해성**	강함
맹아력	강함	**내염성**	강함
음양성	중용수	**토성**	가리지 않음
이식	불량	**양분**	척박토
수분	건조지	**생장속도**	매우 빠름

| 조경설계적 특성 |

- 나무의 모양이 원정형으로 곧게 자라기에 독립수로 식재하기 좋은 수종이다.
- 줄기는 곧게 자라며 우산모양의 단정한 수형과 공해에 강하며, 맹아력이 좋다.

배식장소

- 건축물 주변 녹지의 초점식재, 녹음식재
- 공원 및 녹지의 초점식재, 녹음식재, 외곽 녹지의 완충식재
- 가로수식재
- 환경정화수종으로 사용 가능하다.(공장, 도로변)

풍년화

Hamamelis japonica S. et Z.
낙엽활엽(소)교목/ 조록나무과

풍년화의 꽃이 많이 피면 풍년이 든다하여 붙여진 이름이다.

앞면

뒷면

잎 길이 12㎝, 너비 5~7㎝, 잎의 중앙부 이하에는 톱니가 없으나 윗 부분에는 물결모양의 톱니가 있다.

수피 검은빛을 띠는 갈색으로 껍질눈이 발달되어 있다.

꽃 4월, 노란색으로 피며, 잎보다 먼저 핀다.

열매 10월, 종자는 검은색으로 익는다.

잎 어긋나기이며, 단풍은 짙은 노란색으로 매우 아름답다.

| 분포도 |

중부, 남부, 남해안지방

| 뿌리모양 |

수령 20년생, 흉고직경 3~5cm, 수고 4m의 풍년화 뿌리

수직뿌리 천근성 **수평뿌리** 집중형 **잔뿌리** 많다

| 형태적 특성 |

성장 5~8m
수형 부채꼴형

| 생태적 특성 |

내한성	보통	**내공해성**	보통
맹아력	보통	**내염성**	약함
음양성	양수, 중용수	**토성**	사질양토
이식	용이	**양분**	비옥토
수분	적윤지	**생장속도**	느림

| 조경설계적 특성 |

- 봄을 알리는 전령수 및 상징수로 식재하기에 좋은 수종이다.

배식장소

- 건축물 주요 녹지의 초점식재, 주변 녹지의 초점식재, 상징식재
- 공원 및 녹지의 초점식재, 경관식재, 상징식재

풍년화의 특징

- 봄철 산수유보다 먼저 피는 봄을 알리는 나무이다.
- 건조에 매우 약해 여름철 건조하면 잎이 떨어지기에 관수에 유의하여야 한다.

회화나무

Sophora japonica L.
낙엽활엽교목/ 콩과/ 회나무/ 괴(槐)나무/ 학자수

회화나무를 학자수(學者樹)라 하였다.

앞면

뒷면

잎 소엽은 길이 2.5~6cm, 너비 1.5~2.5cm, 기수 1회 우상복엽이며, 소엽은 7~17개이며, 잎의 뒷면은 옅은 녹색이다.

수피 회색빛을 띠는 갈색으로 세로로 매우 뚜렷하게 갈라진다.

꽃 7~8월, 옅은 노란색의 꽃이 핀다.

열매 10월, 노란빛을 띠는 녹색의 열매가 달린다.

잎 어긋나기이며, 단풍은 노란색이다.

| 분포도 |

북부, 중부, 남부, 남해안지방

| 뿌리모양 |

수령 35년생, 흉고직경 22㎝, 수고 14m의 회화나무 뿌리

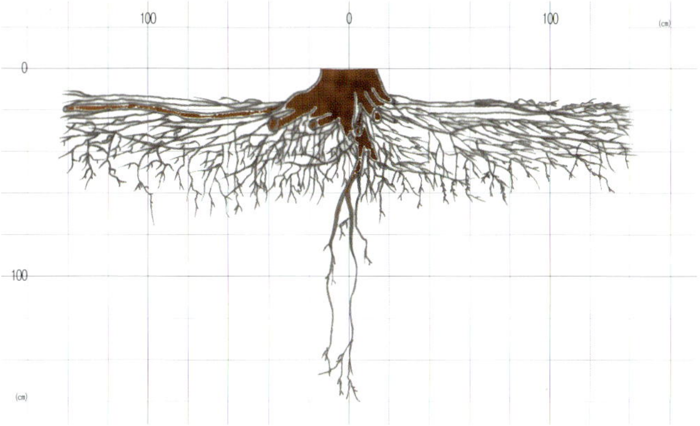

수직뿌리 중근성 수평뿌리 분산형 잔뿌리 보통

| 형태적 특성 |

성장 15~25m
수형 원형

| 생태적 특성 |

내한성	강함	내공해성	강함
맹아력	강함	내염성	보통
음양성	중용수	토성	가리지 않음
이식	용이	양분	비옥토
수분	건조지	생장속도	빠름→느림

| 조경설계적 특성 |

- 회화나무를 집에 심으면 집안이 번창하고, 자손이 학자나 큰 인물이 나온다는 속설이 있어 집 안팎에 널리 심었다.

배식장소

- 건축물 주요 녹지의 초점식재, 녹음식재, 유도식재, 경관식재, 상징식재
- 공원 및 녹지의 초점식재, 녹음식재, 유도식재, 경관식재, 상징식재
- 가로수식재

회화나무의 특징

- 회화나무는 경복궁, 창덕궁, 서원, 서당, 고택 등에서 쉽게 볼 수 있는 나무로, 우리 조상이 널리 심었던 대표적인 길상목(吉祥木)이다.
- 회화나무의 뿌리에는 뿌리혹박테리아가 있어 비료목으로 식재하였다.
- 환경정화수종이다.(주택가)
- 전통조경수종으로 사용 가능하다.(학자수, 위엄과 품위, 선비, 관직, 가문번창)

자귀나무

Albizzia julibrissin Durazz.
낙엽활엽교목/ 콩과/ 야합수/ 합환수/ 소쌀밥나무

자귀나무는 잎이 합쳐지기에 합환수(合歡樹) 또는 야합수(夜合樹)라고도 한다.

앞면

뒷면

잎 우수 2회 우상복엽이고, 소엽은 길이 6~15㎜, 너비 2.5~4㎜이며, 깃 털 같다.

수피 갈색의 수피에 껍질눈이 발달되었다.

꽃 6~8월, 옅은 분홍색으로 피는 꽃이 약 3개월간 화려하게 핀다.

열매 6~8월, 길이 15㎝, 콩깍지모양의 열매가 열린다.

잎 어긋나기이며, 단풍은 노란색이다.

| 분포도 |

중부, 남부, 남해안지방

| 뿌리모양 |

수령 40년생, 흉고직경 28㎝, 수고 13m의 자귀나무 뿌리

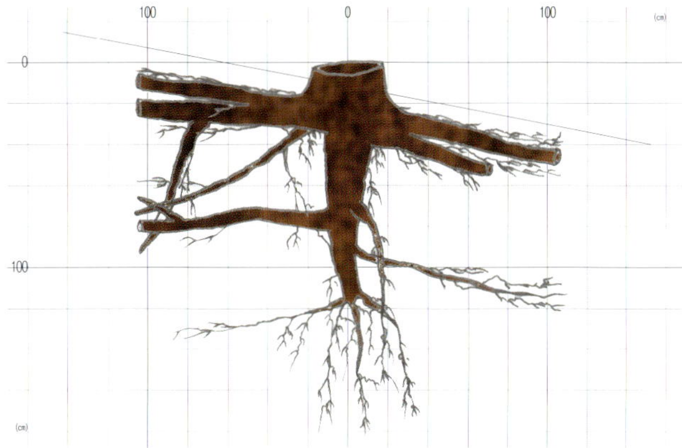

수직뿌리 중근성 **수평뿌리** 분산형 **잔뿌리** 적다

| 형태적 특성 |

성장 6~10m
수형 불규칙형

| 생태적 특성 |

내한성	보통	**내공해성**	약함
맹아력	약함	**내염성**	강함
음양성	양수	**토성**	가리지 않음
이식	불량	**양분**	척박토
수분	건조지	**생장속도**	매우 빠름

| 조경설계적 특성 |

- 여름철 마치 공작이 날개를 펼치는 듯한 모양의 옅은 분홍색 꽃이 매우 아름다워 여름철 경관수로 적합하다.

배식장소

- 주택정원 주요 지점의 초점식재, 유도식재, 상징식재, 경관식재
- 공원 및 녹지의 초점식재, 유도식재, 상징식재, 경관식재
- 건조지, 척박지, 황폐지 등 토양환경이 좋지 않은 곳의 경관식재, 법면식재

자귀나무의 특징

- 부부의 사랑이 영원하기를 기원하며 주택의 정원수 등 다양한 용도의 수종으로 사용하면 좋다.
- 가지가 치밀하지 않기에 모아심기를 하면 좋다.
- 뿌리에 뿌리혹박테리아가 있어 황폐지, 절개지, 척박지의 비료목으로 사용하면 좋다.

칠엽수

Aesculus turbinata Bl.
낙엽활엽교목/ 칠엽수과

잎이 7개이기에 칠엽수라는 이름이 붙었다.

앞면

뒷면

잎 소엽은 길이 30㎝, 너비 12㎝, 뒷면이 옅은 녹색이다.

수피 회색빛을 띠는 갈색으로 얇게 갈라진다.

꽃 5~6월, 노란색을 띠는 흰색의 꽃이 핀다.

열매 9~10월, 5㎝, 갈색의 열매가 열린다.

잎 마주나기이며, 단풍은 빨간 빛을 띠는 노란색이며, 아름답다.

| 분포도 |

중부, 남부, 남해안지방

| 뿌리모양 |

수령 40년생, 흉고직경 22㎝, 수고 9m의 칠엽수 뿌리

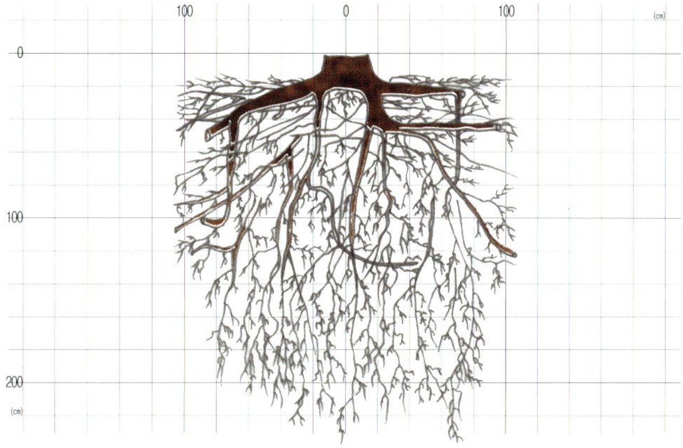

수직뿌리 심근성 **수평뿌리** 집중형 **잔뿌리** 적다

| 형태적 특성 |

성장 20~25m
수형 타원형

| 생태적 특성 |

내한성	보통	**내공해성**	강함
맹아력	약함	**내염성**	보통
음양성	음수→양수	**토성**	사질양토
이식	불량	**양분**	비옥토
수분	적윤지	**생장속도**	느림→빠름

| 조경설계적 특성 |

- 이국적인 분위기를 연출하며, 수형, 잎, 꽃 등이 아름다워 다양한 용도로 사용 가능한 수종이다.

배식장소

- 건축물 주요 지점의 초점식재, 녹음식재, 유도식재
- 공원 및 녹지의 초점식재, 녹음식재, 유도식재
- 가로수식재

칠엽수의 특징

- 줄기가 굵고 곧고 크게 자라서 거대한 수목이 되기에 넓은 공간에 식재하는게 바람직하다.
- 세계 3대 가로수로 널리 식재되고 있다.
- 꿀을 매우 많이 생산하는 대표적인 밀원식물이다.
- 환경정화수종이다.(주택가)

05 상록관목

둥근향나무

Juniperus chinensis 'Globosa'.
상록침엽관목/ 측백나무과/ 옥향

기하학적인 정원에 적합한 수종으로
전정을 하지 않아도 조각품처럼 둥글다.

잎 비늘잎으로 부드러운 질감을 가졌다.

| 형태적 특성 |

성장 1m
수형 원형

| 분포도 |

북부, 중부, 남부,
남해안지방

| 생태적 특성 |

내한성	강함	**내염성**	보통
맹아력	강함	**토성**	사질양토
음양성	음수→양수	**양분**	비옥토
이식	용이	**생장속도**	빠름
수분	건조지	**근계분포**	천근성
내공해성	강함		

| 조경설계적 특성 |

- 전정에 강하고 지엽이 치밀하기에 독립수의 점식으로 식재하는 수종이다.

배식장소

- 건축물 주요 녹지의 점식, 열식으로 유도식재
- 공원 및 녹지경계의 점식, 열식으로 유도식재

회양목

Buxus microphylla var. *koreana* Nak.
상록활엽관목/ 회양목과/ 도장나무

회양목은 맹아력이 매우 강해 토피어리 수종으로 적합하다.

꽃 4~5월, 개화하는 꽃은 노란빛을 띠는 녹색으로 핀다.

열매 6~8월, 길이 1cm 내외로 갈색으로 익는다.

잎 마주나기이며, 길이 1.2~1.7cm, 가장자리가 약간 뒤로 젖혀지며, 밋밋하다.

| 형태적 특성 |

성장 7m
수형 원형

| 분포도 |

북부, 중부, 남부, 남해안지방

| 생태적 특성 |

내한성	강함	내염성	보통
맹아력	강함	토성	사질양토
음양성	중용수	양분	보통토
이식	용이	생장속도	느림
수분	건조지	근계분포	천근성
내공해성	강함		

| 조경설계적 특성 |

- 전정에 강하고 지엽이 치밀하기에 독립수의 점식 및 군식으로 군락식재 등 다양한 용도로 사용하는 수종이다.

배식장소

- 건축물 주변에 군식으로 예각완화식재, 교목 하부 수하식재, 울타리식재, 열식으로 유도식재, 조형의 토피어리로 초점식재
- 공원 및 녹지에 군식으로 모서리식재, 교목 하부 수하식재, 울타리식재, 점식 및 군식으로 유도식재, 조형의 토피어리로 초점식재
- 법면식재

꽝꽝나무

Ilex crenata Thunb.
상록활엽관목/ 감탕나무과

꽝꽝나무 잎을 태우면 꽝꽝소리가 난다고 해서 붙여진 이름이다.

앞면

뒷면

잎 길이 1.5~3㎝, 너비 0.6~2㎝, 가장자리에 톱니가 있고, 광택이 난다.

꽃 5~6월, 하얀색의 꽃이 핀다.

열매 10~11월, 지름 6~7㎜의 검정색 열매가 달린다.

잎 어긋나기이다.

| 분포도 |

남부, 남해안지방

| 뿌리모양 |

수령 15년생, 근원직경 7㎝, 수고 3m의 꽝꽝나무 뿌리

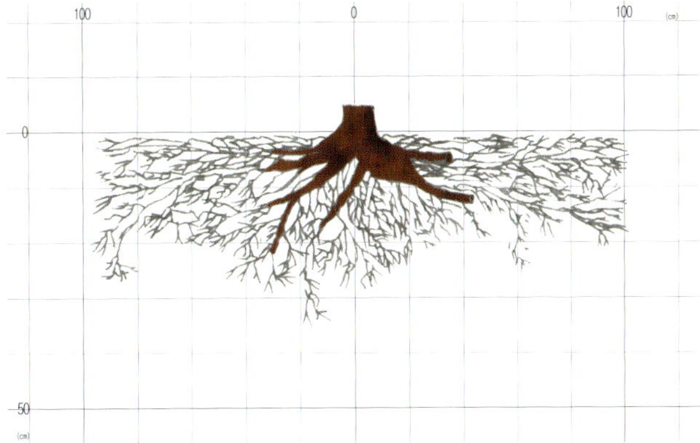

수직뿌리 천근성 **수평뿌리** 집중형 **잔뿌리** 많다

| 형태적 특성 |

성장 3m
수형 원형

| 생태적 특성 |

내한성	약함	**내공해성**	강함
맹아력	강함	**내염성**	강함
음양성	중용수	**토성**	사질양토
이식	보통	**양분**	비옥토
수분	적윤지	**생장속도**	느림

| 조경설계적 특성 |

- 토피어리용으로 독립수의 점식, 열식 및 군식 등 다양한 용도로 사용하는 수종이다.

배식장소

- 건축물 주변에 군식으로 예각완화식재, 교목 하부 수하식재, 울타리식재, 유도식재, 조형의 토피어리로 초점식재
- 공원 및 녹지에 군식으로 모서리식재, 교목 하부 수하식재, 울타리식재, 유도식재, 조형의 토피어리로 초점식재

꽝꽝나무의 특징

- 꽝꽝나무는 잎 가장자리에 가는 톱니가 있고, 잎이 두꺼우며 광택이 많이 있으나, 회양목은 톱니가 없고 광택이 적다.
- 환경정화수종이다.(공장, 도로변, 주택가)

호랑가시나무

Ilex cornuta Lindl. et Paxton
상록활엽관목/ 감탕나무과

잎 모서리 가시가 날카로운 호랑이 발톱같아서 호랑가시라는 이름이 붙었다.

앞면

뒷면

잎 길이 3.5~10㎝, 너비 0.6~2㎝, 6각형이며, 각 모서리는 예리한 가시가있고 광택이 난다.

꽃 4~5월, 흰색, 지름 7㎜의 꽃이 5~6개 달린다.

열매 9~10월, 지름 8~10㎜의 빨간색 열매가 다음 해 봄까지 열리는데 매우 아름답다.

잎 어긋나기이다.

| 분포도 |

남부, 남해안지방

| 뿌리모양 |

수령 8년생, 근원직경 4㎝, 수고 1m의 호랑가시나무 뿌리

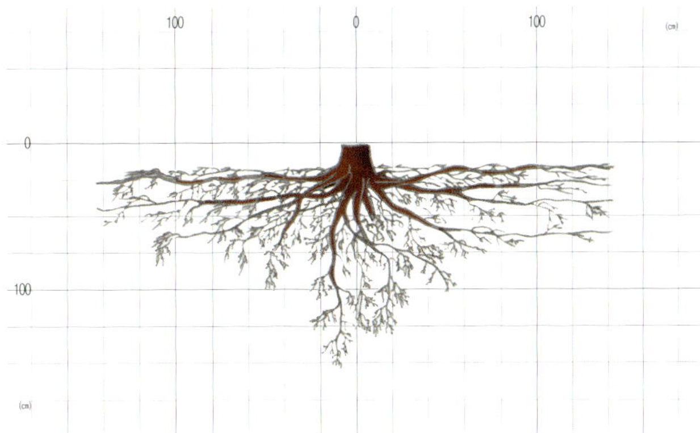

수직뿌리 천근성 **수평뿌리** 집중형 **잔뿌리** 많다

| 형태적 특성 |

성장 2~3m
수형 타원형

| 생태적 특성 |

내한성	약함	**내공해성**	강함
맹아력	강함	**내염성**	강함
음양성	중용수	**토성**	가리지 않음
이식	보통	**양분**	비옥토
수분	가리지 않음	**생장속도**	느림

| 조경설계적 특성 |

- 겨울철 열매가 아름다워 남부지방에서 겨울을 상징하는 테마용으로 사용하는 수종이다.

배식장소

- 건축물 입구 및 주요 지점 초점식재, 열식 및 군식으로 유도식재, 울타리식재
- 공원의 주요 지점 초점식재, 열식 및 군식으로 유도식재, 울타리식재

호랑가시나무의 특징

- 서양에서는 크리스마스 트리용 나무로 많이 사용한다.

다정큼나무

Rhaphiolepis umbellata (Thunb.) Mak.
상록활엽관목/ 장미과/ 차륜매

다정큼나무의 꽃은 매화꽃과 비슷하다.

앞면

뒷면

잎 길이 3~10㎝, 너비 2~4㎝, 표면은 광택이 나며, 뒷면은 흰빛을 띠는 옅은 녹색이다.

꽃 5~6월, 흰색의 꽃이 나무 전체를 덮어 매우 아름답다.

열매 10~12월, 검은색의 지름 7~10㎜의 열매가 열린다.

잎 어긋나기이다.

| 분포도 |

남해안지방

| 뿌리모양 |

수령 30년생, 근원직경 14cm, 수고 4m의 다정큼나무 뿌리

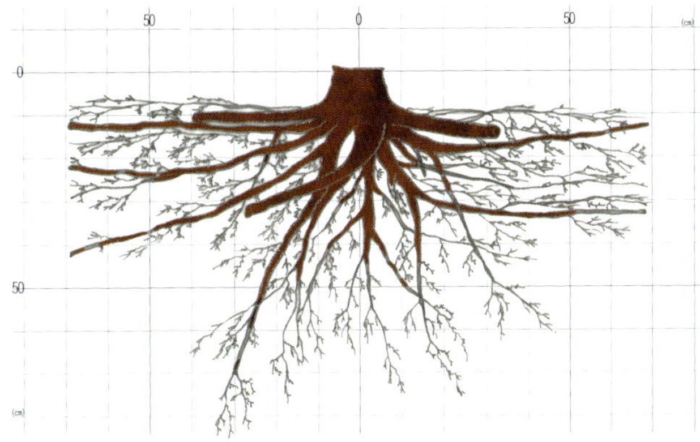

수직뿌리 심근성 **수평뿌리** 집중형 **잔뿌리** 많다

| 형태적 특성 |

성장 2~4m
수형 타원형

| 생태적 특성 |

내한성	매우 약함	**내공해성**	강함
맹아력	강함	**내염성**	강함
음양성	양수	**토성**	사질양토
이식	용이→불량	**양분**	보통토
수분	건조지	**생장속도**	빠름

| 조경설계적 특성 |

- 남해안지방의 바닷가에서 잘 자라며 꽃과 잎이 좋아 다양한 용도로 사용하는 수종이다.

배식장소

- 건축물 주변 주요 녹지에 독립수로 초점식재, 군식으로 건축물의 예각완화식재, 열식으로 울타리식재
- 공원 및 녹지에 독립수로 초점식재, 군식으로 모서리식재, 열식으로 울타리식재

다정큼나무의 특징

- 푸른 잎 사이에 빨간색의 단풍잎이 섞여 있는 것이 특징이다.
- 후피향나무와 수형, 잎이 비슷하다.
- 성목보다 어린나무를 이식하여야 잘 자란다.

피라칸다

Pyracantha angustifolia Schneid.
상록활엽관목/ 장미과/ 피라칸사 / 피라칸사스

피라칸다는 학명의 속명이 '피라칸타' 여서 붙여진 이름이다.

앞면

뒷면

잎 길이 5~6㎝, 너비 1.5㎝, 뒷면은 흰빛을 띠는 옅은 녹색이다.

꽃 5~6월, 지름 4~5㎜의 흰색 꽃이 나무 전체를 덮어 아름답다.

열매 10~11월, 빨간색 또는 옅은 노란색으로 열리는 열매가 매우 아름답다.

잎 어긋나기이다.

| 분포도 |

남부, 남해안지방

| 뿌리모양 |

근원직경 1~3cm, 수고 1.2m의 피라칸다 뿌리

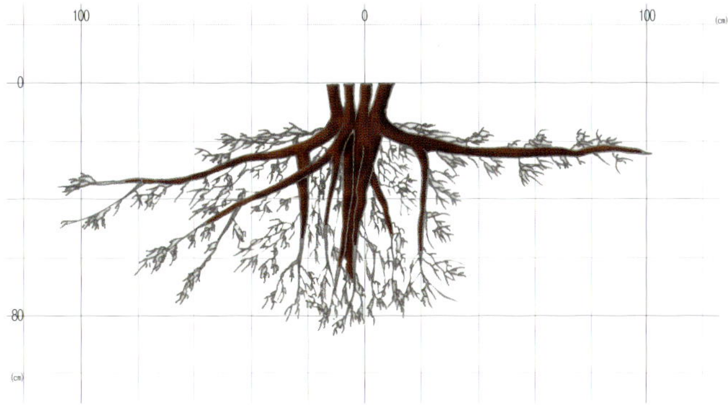

수직뿌리 심근성 **수평뿌리** 중간형 **잔뿌리** 적다

| 형태적 특성 |

성장 1~2m
수형 불규칙형

| 생태적 특성 |

내한성	약함	**내공해성**	보통
맹아력	강함	**내염성**	강함
음양성	양수	**토성**	가리지 않음
이식	용이→불량	**양분**	비옥토
수분	적윤지	**생장속도**	빠름

| 조경설계적 특성 |

• 겨울철 열매가 매우 아름다워서 다양한 용도로 사용하는 수종이다.

배식장소

• 건축물 주요 녹지의 겨울철 초점식재, 건축물 외곽 녹지의 울타리식재, 경관식재, 건축물의 예각완화식재
• 공원 및 녹지의 울타리식재, 외곽 녹지의 울타리식재, 공원 주요 지점의 겨울철 초점식재, 모서리식재

피라칸다의 특징

• 10월의 붉은 열매는 봄까지 달려있어 겨울철 볼거리를 제공하는 나무이다.
• 수형이 불규칙적이어서 정연되지 못하지만, 맹아력이 좋기에 전정으로 수형을 다듬을 수 있는 나무이다.

남천

Nandina domestica Thunb.
반상록활엽관목/ 매자나무과/ 남천죽

잎이 대나무를 닮았다고 하여 '남천죽'이라 불리지만 보통은 남천이라고 부른다.

앞면

뒷면

잎 3회 우상복엽으로 길이 30~50cm, 소엽은 길이 3~10cm이다.

꽃 6~7월, 흰색으로 피는 꽃은 아름답다.

열매 10월, 빨간색으로 열리는 열매는 매우 아름답다.

잎 마주나기인 반상록의 잎은 빨간색의 단풍이 아름답다.

| 분포도 |

남부, 남해안지방

| 뿌리모양 |

근원직경 2.6㎝, 수고 1.2m의 남천 뿌리

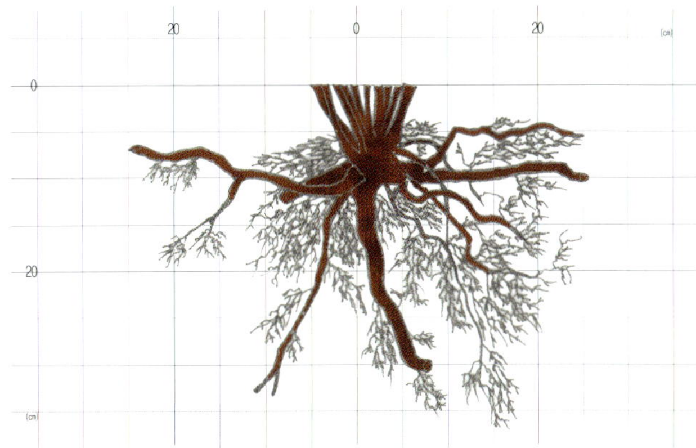

수직뿌리 중근성 **수평뿌리** 집중형 **잔뿌리** 적다

| 형태적 특성 |

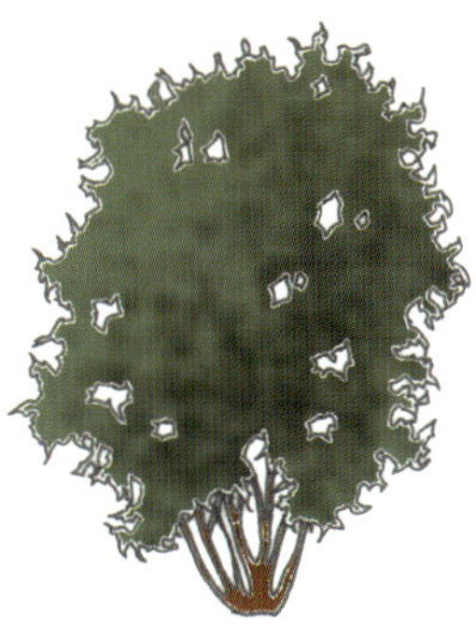

성장 2~3m
수형 타원형

| 생태적 특성 |

내한성	약함	**내공해성**	보통
맹아력	강함	**내염성**	보통
음양성	중용수	**토성**	사질양토
이식	용이	**양분**	비옥토
수분	적윤지	**생장속도**	느림

| 조경설계적 특성 |

- 잎, 꽃, 줄기, 단풍, 열매가 아름다워 열식 및 군식으로 울타리용 및 경관수로 사용한다.

배식장소

- 건축물 주변 주요 녹지 교목 하부의 초점식재, 울타리식재, 건축물의 예각완화식재
- 공원 및 녹지의 교목 하부의 초점식재, 녹지의 울타리식재, 모서리식재

남천의 특징

- 병충해에 강하여 관리가 편리하다.

돈나무

Pittosporum tobira Aiton
상록활엽관목/ 돈나무과/ 해동(海桐)

많은 사람들이 돈(money)이 들어오기를 기대하면서 돈나무를 심는다.

앞면

뒷면

잎 길이 4~10㎝, 너비 2~3㎝, 잎이 두껍다.

꽃 5~6월, 흰색→옅은 노란색으로 변하며, 향기가 좋고, 꿀이 많이 나는 밀원식물이다.

열매 10월, 옅은 노란색으로 익는 열매는 1.2㎝이다.

잎 어긋나기이지만 가지 끝에 잎이 달린다.

| 분포도 |

남해안지방

| 뿌리모양 |

수령 4년생, 근원직경 1.5㎝, 수고 1.2m의 돈나무 뿌리

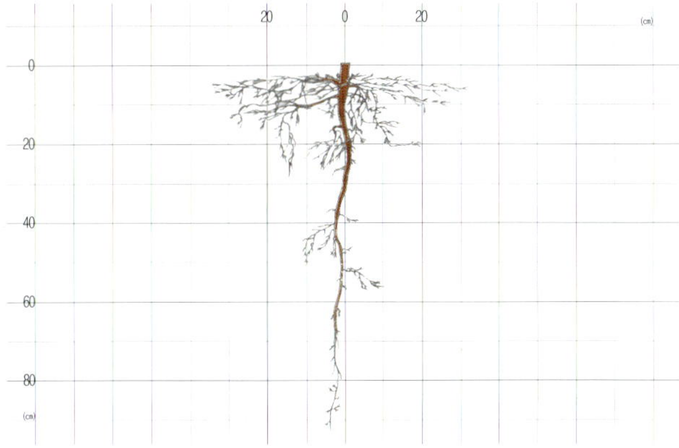

수직뿌리 중근성 **수평뿌리** 분산형 **잔뿌리** 적다

| 형태적 특성 |

성장 3~5m
수형 부채꼴형

| 생태적 특성 |

내한성	매우 약함	**내공해성**	강함
맹아력	강함	**내염성**	강함
음양성	중용수	**토성**	사질양토
이식	용이→불량	**양분**	비옥토
수분	적윤지	**생장속도**	빠름

| 조경설계적 특성 |

• 자연 수형이 마치 다듬은 것처럼 아름다워 단식, 열식 및 군식으로 경관수 및 울타리용으로 사용한다.

배식장소

• 건축물 주변 주요 녹지에 독립수로 초점식재, 군식으로 건축물의 예각완화식재, 울타리식재, 유도식재
• 공원 및 녹지에 독립수로 초점식재, 군식으로 모서리식재, 수하식재, 열식으로 울타리식재, 유도식재

돈나무의 특징

• 돈나무는 우리나라에 1과 1속 1종이 자라는 귀한 나무이다.
• 바닷물이 직접 닿아도 염해의 피해를 받지 않아 해동(海桐)이라고 불려진다.

팔손이나무

Fatsia japonica Decne. et Planch.
상록활엽관목/ 두릅나무과

잎이 8개로 갈라져 손가락처럼 펼쳐져 있어 팔손이라는 이름이 지어졌다.

앞면

뒷면

잎 7~9개로 손바닥처럼 갈라지며, 크기는 20~40㎝이며, 잎자루는 30㎝ 이상이고, 광택이 난다.

꽃 11~12월, 흰색의 꽃은 꽃을 보기 힘든 겨울철에 녹색의 큰 잎과 조화를 이룬다.

열매 거의 원형으로 다음 해 5월경에 검은색으로 익는다.

잎 어긋나기이다.

| 분포도 |

남해안지방

| 뿌리모양 |

수령 7년생, 근원직경 3㎝, 수고 1m의 팔손이나무 뿌리

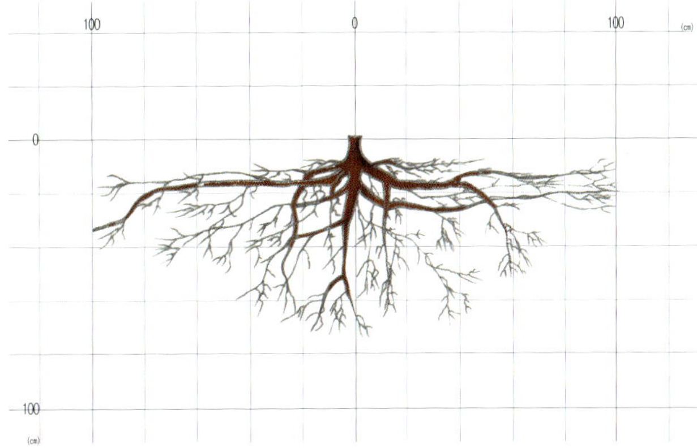

수직뿌리 중근성 **수평뿌리** 집중형 **잔뿌리** 적다

| 형태적 특성 |

성장 3~4m
수형 타원형

| 생태적 특성 |

내한성	매우 약함	**내공해성**	강함
맹아력	보통	**내염성**	강함
음양성	강음수	**토성**	가리지 않음
이식	용이	**양분**	비옥토
수분	습윤지	**생장속도**	빠름→느림

| 조경설계적 특성 |

- 건물의 북향 및 교량 하부 등 영구 음지 지역에 경관수로 적합하다.

배식장소

- 건축물의 음지 지역에 군식으로 초점식재, 경관식재, 예각완화식재
- 공원 및 녹지의 음지 지역에 군식으로 초점식재, 경관식재, 모서리식재

팔손이나무의 특징

- 잎이 넓고, 광택이 있어 건축물의 모서리 부분에 식재하면 모서리의 예각을 완화할 뿐만 아니라 사계절 동안 푸르름을 즐길 수 있다.
- 환경정화수종이다.(공장, 도로변, 주택가)

광나무

Ligustrum japonicum Thunb.
상록활엽관목/ 물푸레나무과/ 여정목(女貞木)

광나무는 잎이 반짝반짝 광(光)이 나서 붙여진 이름이다.

앞면

뒷면

잎 길이 3~10㎝, 너비 2.5~4.5㎝, 가장자리는 밋밋하다.

꽃 6~7월, 흰색으로 피는 꽃은 향기가 매우 좋다.

열매 10~11월, 검은색으로 열리는 열매는 쥐똥나무와 비슷하다.

잎 마주나기이다.

| 분포도 |

남해안지방

| 뿌리모양 |

수령 25년생, 근원직경 8㎝, 수고 3m의 광나무 뿌리

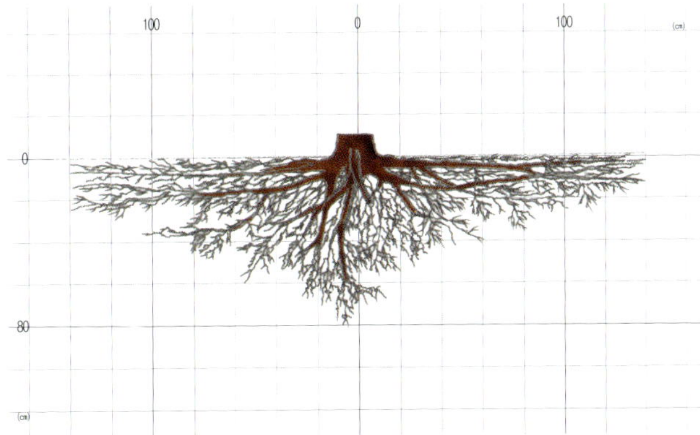

수직뿌리 천근성 **수평뿌리** 집중형 **잔뿌리** 많다

| 형태적 특성 |

성장 3~5m
수형 타원형

| 생태적 특성 |

내한성	매우 약함	**내공해성**	강함
맹아력	강함	**내염성**	강함
음양성	중용수	**토성**	가리지 않음
이식	보통	**양분**	보통토
수분	적윤지	**생장속도**	매우 빠름

| 조경설계적 특성 |

- 꽃과 잎이 좋아 남부지방에서 울타리 수종으로 많이 사용한다.

배식장소

- 건축물 경계지역의 울타리식재, 건축물의 예각완화식재, 차폐식재
- 공원의 경계에 열식으로 울타리식재, 차폐식재
- 법면식재

광나무의 특징

- 맹아력이 뛰어나 수형을 자유롭게 다듬을 수 있으며, 생장속도가 매우 빠른 속성수이다.
- 환경정화수종이다.(공장, 도로변, 주택가)

금목서

Osmanthus fragrans var. *aurantiacus* Mak.
상록활엽관목/ 물푸레나무과/ 구리향

목서의 향기를 가진 금색(노란색) 꽃이 피기에 금목서라 한다.

앞면

뒷면

잎 길이 5~9㎝, 너비 2~3㎝, 가장자리에 작은 톱니가 있거나, 거의 밋밋하다.

수피 옅은 회색이며, 껍질눈이 발달했다.

꽃 9~10월, 노란색의 꽃이 피며 향기가 매우 짙다.

열매 길이 6~20㎜의 열매는 보기가 매우 힘들다.

잎 마주나기이다.

| 분포도 |

남부, 남해안지방

| 뿌리모양 |

수령 35년생, 흉고직경 22㎝, 수고 7m의 금목서 뿌리

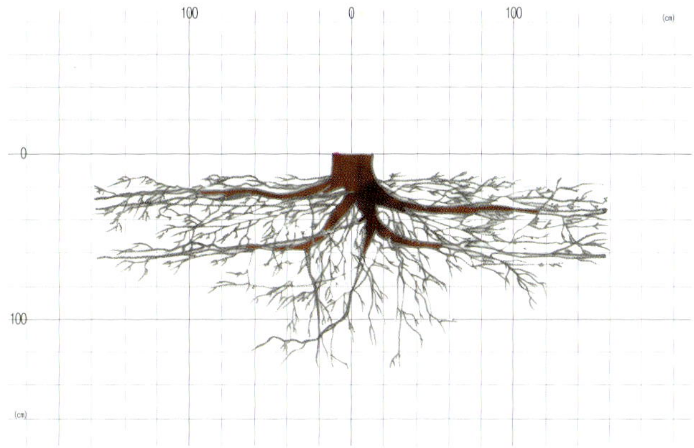

수직뿌리 천근성 **수평뿌리** 중간형 **잔뿌리** 많다

| 형태적 특성 |

성장 5~7m
수형 원형

| 생태적 특성 |

내한성	약함	**내공해성**	강함
맹아력	강함	**내염성**	보통
음양성	중용수	**토성**	사질양토, 양토
이식	보통	**양분**	비옥토
수분	적윤지	**생장속도**	느림

| 조경설계적 특성 |

- 9~10월에 피는 짙은 노란색 꽃이 나무 전체를 덮고, 향기가 매우 짙어 온 동네로 퍼진다.

배식장소

- 건축물 주요 부분의 초점식재, 경관식재, 유도식재
- 공원 및 녹지의 초점식재, 경관식재, 유도식재

금목서의 특징

- 금목서는 잎에 작은 톱니가 약간 있거나 밋밋하고, 은목서는 톱니가 있다.
- 은목서 보다 금목서의 향기가 더 진하다.
- 맹아력이 좋아 울타리용으로 가능하지만 고가(高價)여서 기피된다.

백량금

Ardisia crenata Sims.
상록활엽관목/ 자금우과

백량금의 열매가 돈(金) 백량의 가치만큼 있다하여 나무의 이름이 되었다.

앞면

뒷면

잎 길이 7~12cm, 너비 2~4cm
잎이 뾰족하고,
뒷면은 옅은 녹색이며,
가장자리에 주름이 많다.

수피 한개의 굵은 줄기가 길게 자라며 위에서 여러 개의 가지가 된다.

열매 9월, 빨간색으로 달리는 열매는 다음해 여름까지 약 8~9개월간 나무 전체를 덮는다.

잎 어긋나기이다.

| 분포도 |

남해안지방

| 뿌리모양 |

수령 10년생, 근원직경 0.8cm, 수고 0.8m의 백량금 뿌리

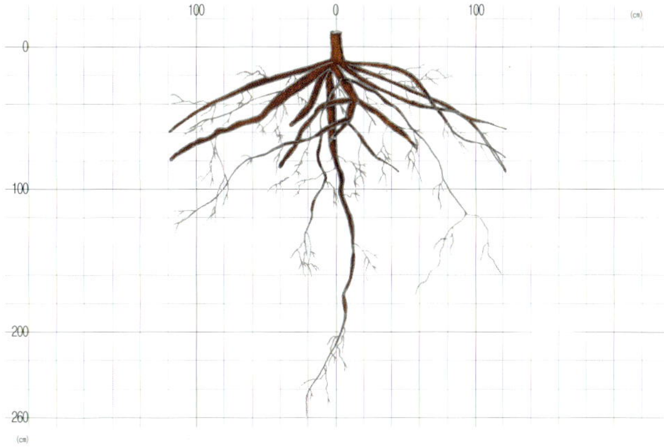

수직뿌리 천근성 **수평뿌리** 집중형 **잔뿌리** 적다

| 형태적 특성 |

성장 0.5~1m
수형 타원형

| 생태적 특성 |

내한성	매우 약함	**내공해성**	약함
맹아력	약함	**내염성**	강함
음양성	강음수	**토성**	사질양토
이식	용이	**양분**	비옥토
수분	적윤지	**생장속도**	빠름

| 조경설계적 특성 |

- 남해안의 일부 지역에서 자생하는 식물로 실내식물로 적합하다.

배식장소

- 제주도의 건축물 입구에 군식으로 초점식재, 경관식재
- 실내조경의 초점식재, 경관식재

백량금의 특징

- 개업하는 집이나 이사하는 집에 재물이 들어오라는 의미로 식재 및 화분으로 선물을 많이 한다.
- 열매가 오랫동안(8~9개월) 달려있어 백량의 돈이 오랫동안 있다는 의미로 사용한다.

식나무

Aucuba japonica Thunb.
상록활엽관목/ 층층나무과/ 청목

식나무는 잎과 새로 나는 줄기가 청색이어서 청목(靑木)이라고 불리기도 한다.

앞면

뒷면

잎 길이 5~20㎝, 너비 2~10㎝, 광택이 나고, 뒷면이 옅은 녹색이다.

꽃 3~4월, 눈에 잘 띄지 않는다.

열매 10~11월, 빨간색의 열매는 길이 1.5~2㎝ 이며, 봄까지 달려있다.

잎 마주나기이다.

| 분포도 |

남부, 남해안지방

| 뿌리모양 |

수령 10년생, 흉고직경 4~5㎝, 수고 2m의 식나무 뿌리

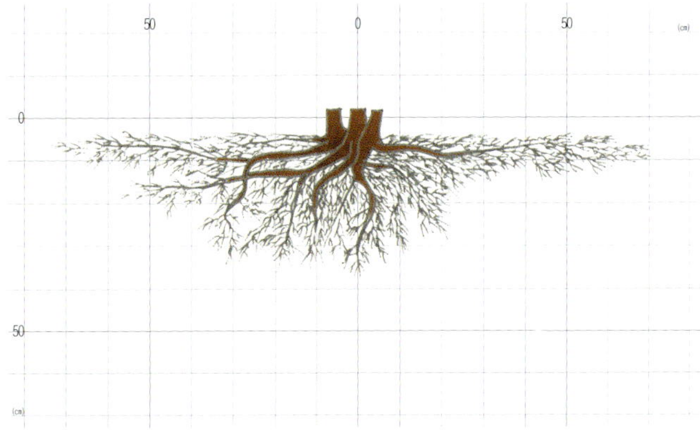

수직뿌리 천근성 **수평뿌리** 집중형 **잔뿌리** 많다

| 형태적 특성 |

성장 2~3m
수형 원형

| 생태적 특성 |

내한성	약함	**내공해성**	강함
맹아력	보통	**내염성**	강함
음양성	강음수	**토성**	사질양토
이식	보통	**양분**	비옥토
수분	가리지 않음	**생장속도**	빠름

| 조경설계적 특성 |

- 가을의 짙은 빨간색의 열매가 아름다워 경관수로 적합하다.

배식장소

- 건축물 주변 음지 지역의 초점식재, 열식으로 울타리식재, 유도식재, 건축물의 예각완화식재
- 공원 및 녹지의 음지 지역의 초점식재, 열식으로 울타리식재, 유도식재

식나무의 특징

- 강음수이기에 북향의 영구 음지 지역에 잘 자라며, 건조지에도 잘 자라기에 남부지방의 법면식재도 가능하다.

사철나무

Euonymus japonica Thunb.
상록활엽관목/ 노박덩굴과

사철 푸른 나무라서 사철나무라 불리게 되었다.

꽃 6~7월, 크기 7㎜의 옅은 녹색의 꽃이 핀다.

열매 10월, 열매의 껍질이 갈라지면서 열리는 빨간색의 열매는 매우 특이하다.

잎 마주나기, 길이 3~7㎝, 너비 3~4㎝로 가장자리에 톱니가 있으며, 광택이 나고, 봄철에 나오는 옅은 녹색의 어린잎은 매우 아름답다.

| 형태적 특성 |

성장 3~5m
수형 원형

| 분포도 |

중부, 남부, 남해안지방

| 생태적 특성 |

내한성	보통	내염성	강함
맹아력	매우 강함	토성	가리지 않음
음양성	중용수	양분	보통토
이식	용이	생장속도	빠름
수분	가리지 않음	근계분포	천근성
내공해성	강함		

| 조경설계적 특성 |

- 맹아력이 강하고 잎과 가지가 치밀하기에 울타리용으로 적합하다.

배식장소

- 건축물 외곽 녹지의 울타리식재
- 공원 및 녹지의 울타리식재
- 법면식재
- 환경정화수종이다.(공장, 도로변, 주택가)

치자나무

Gardenia jasminoides for. *grandiflora* Mak.
상록활엽관목/ 꼭두서니과

옛 선조들은 치자나무 향기를 매우 좋아했다.

꽃 6~7월, 흰색이며, 달콤한 향기가 매우 좋고 아름답다.

열매 9~10월, 주홍색으로 익는 열매가 특색이 있다.

잎 마주나기이며, 길이는 3~15㎝이고, 가장자리는 밋밋하고, 광택이 난다.

| 형태적 특성 |

성장 1~2m
수형 부채꼴형

| 분포도 |

남해안지방

| 생태적 특성 |

내한성	매우 약함	내염성	강함
맹아력	보통	토성	사질양토
음양성	중용수	양분	비옥토
이식	용이	생장속도	느림
수분	습윤지	근계분포	천근성
내공해성	강함		

| 조경설계적 특성 |

- 흰색의 꽃과 향기가 좋아 울타리 및 경관수로 적합하다.

배식장소

- 건축물 주요 녹지의 독립수의 초점식재 및 군식으로 유도 및 울타리식재, 경관식재
- 공원 및 녹지의 독립수의 초점식재 및 군식으로 유도 및 울타리식재, 경관식재
- 전통조경수종으로 사용 가능하다.

협죽도

Nerium indicum Mill.
상록활엽관목/ 협죽도과/ 유도화/ 유엽도

협죽도는 잎이 대나무를 닮았다는 뜻이다.

앞면

뒷면

잎 길이 7~15㎝, 너비 8~20㎜, 대나무 잎과 비슷하며, 가장자리가 밋밋하고 광택이 있다.

수피 하부에서 여러 갈래의 가지가 올라오며 수피는 회색이다.

꽃 7~8월, 크기 4~5㎝의 분홍색으로 되는 꽃은 나무 전체에 피며 매우 아름답다.

잎 돌려나기이다.

| 분포도 |

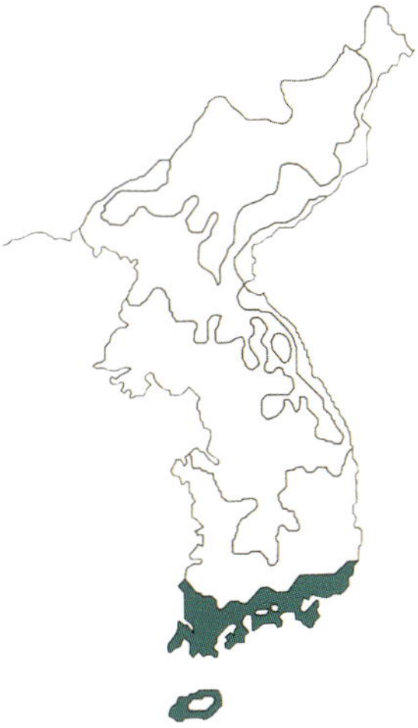

남해안지방

| 뿌리모양 |

수령 7년생, 근원직경 5㎝, 수고 4m의 협죽도 뿌리

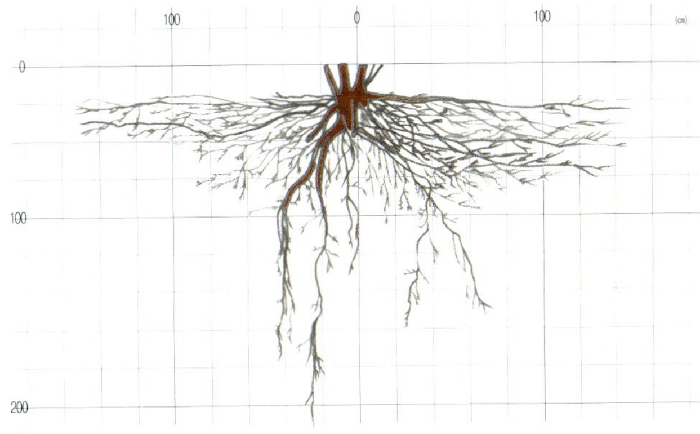

수직뿌리	심근성	수평뿌리	분산형	잔뿌리	적다

| 형태적 특성 |

성장 3~5m
수형 부채꼴형

| 생태적 특성 |

내한성	매우 약함	내공해성	강함
맹아력	보통	내염성	강함
음양성	양수	토성	가리지 않음
이식	용이	양분	비옥토
수분	가리지 않음	생장속도	빠름

| 조경설계적 특성 |

- 초여름부터 늦가을까지 아름다운 꽃이 피기에 경관수로 적합하나 사람의 손이 닿지 않는 곳에 식재하여야 한다.

배식장소

- 건축물 외곽의 경관식재
- 공원 및 녹지 외곽의 경관식재

협죽도의 특징

- 건조지에 잘자라며 토성을 가리지 않기에 법면식재에 적합하다.
- 수피와 나무뿌리의 흰 액즙은 독성이 매우 강하기에 피부에 직접 닿지 않아야 한다.
- 환경정화수종이다.(공장, 도로변, 주택가)

꽃댕강

Abelia grandiflora Rehder
반상록활엽관목/ 인동과

꽃댕강은 꽃이 오랫동안 피고, 향기가 매우 좋은 나무이다.

앞면

뒷면

잎 길이 3~7cm이다. 가장자리에 작은 톱니가 있다.

꽃 6~12월, 나무 전체에 피며 매우 아름답다.

열매 열매는 4개의 날개가 달려 있고, 잘 성숙하지 않는다.

잎 마주나기이다.

| 분포도 |

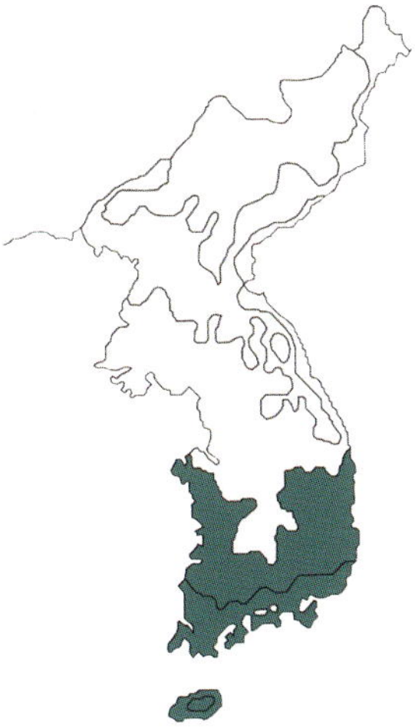

남부, 남해안지방

| 뿌리모양 |

수령 10년생, 근원직경 2~3㎝, 수고 1m의 꽃댕강 뿌리

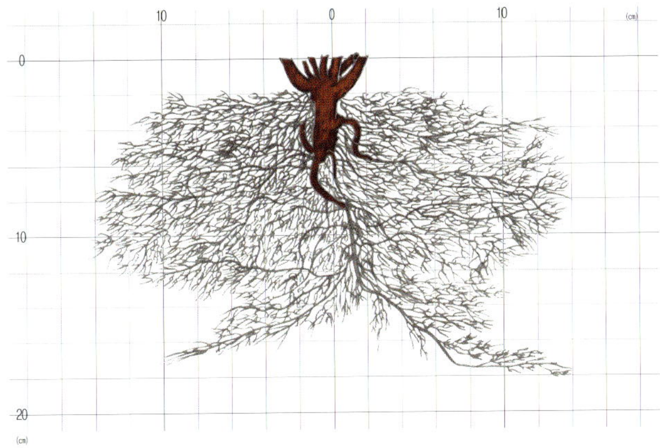

수직뿌리 천근성 **수평뿌리** 집중형 **잔뿌리** 많다

| 형태적 특성 |

성장 1~2m
수형 부채꼴형

| 생태적 특성 |

내한성	약함	**내공해성**	강함
맹아력	강함	**내염성**	강함
음양성	중용수	**토성**	사질양토
이식	용이	**양분**	비옥토
수분	건조지	**생장속도**	보통

| 조경설계적 특성 |

- 초여름부터 겨울까지 꽃이 피고지기에 다양한 용도의 수종으로 적합하다.

배식장소

- 건축물 주요 녹지의 겨울철 초점식재, 건축물 외곽 녹지의 울타리식재
- 공원 및 녹지의 울타리식재, 공원 외곽 녹지의 울타리식재, 공원 주요 지점의 겨울철 초점식재
- 가로녹지의 울타리식재

꽃댕강의 특징

- 9개월 이상 꽃이 피며 향기가 좋아 방향식재로 좋다.
- 하부에서 여러 개의 줄기가 올라온다.
- 병충해 등 관리가 매우 적게 드는 나무이다.

06
낙엽관목

히어리

Corylopsis coreana Uyeki
낙엽활엽관목/ 조록나무과/ 송광납판화

히어리는 우리나라의 특산수종이다.

앞면

뒷면

잎 길이 5~9㎝, 너비 4.5~8.2㎝, 가장자리에 날카로운 톱니가 있다.

줄기 뿌리에서 맹아가 많이 올라오며, 회색빛을 띠는 흰색의 수피를 가진다.

꽃 3~4월, 길이 3~4cm, 잎이 피기 전에 노란색 꽃이 나무 전체를 덮는다.

열매 9~10월, 노란빛을 띠는 갈색의 열매가 열린다.

잎 어긋나기이며, 단풍은 노란색, 빨간색이다.

| 분포도 |

중부, 남부, 남해안지방

| 뿌리모양 |

수령 10년생, 근원직경 2~3㎝, 수고 1.4m의 드문히어리 뿌리

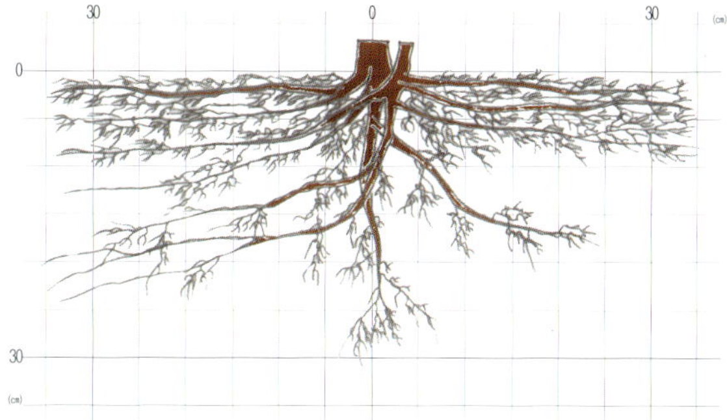

수직뿌리 천근성 **수평뿌리** 분산형 **잔뿌리** 많다

| 형태적 특성 |

성장 3~5m
수형 불규칙형

| 생태적 특성 |

내한성	보통	**내공해성**	보통
맹아력	보통	**내염성**	약함
음양성	양수	**토성**	사질양토
이식	용이	**양분**	비옥토
수분	가리지 않음	**생장속도**	느림

| 조경설계적 특성 |

- 우리나라의 특산수종이기에 관공서 건축물 또는 공원의 상징수로 군식하여 수목 교육용으로 적합하다.

배식장소

- 건축물 주변 주요 녹지에 군식으로 초점식재, 경관식재, 건축물의 예각완화식재, 상징식재, 기념식재
- 공원 및 녹지의 초점식재, 경관식재, 상징식재, 기념식재

히어리의 특징

- 건조에 잘 견디는 나무이기에 법면식재에 적합하다.
- 가을의 단풍이 아름답고, 이른 봄을 알리는 나무이기에 계절적 특성이 잘 나타나는 나무이다.

모란

Paeonia suffruticosa Andrews

낙엽활엽관목/ 미나리아재비과/ 목단(牧丹)/ 목작약/ 부귀화

모란은 국색천향(나라 안의 첫째 미인이며, 뛰어난 향기를 지닌)의 꽃 중의 왕이다.[10)]

꽃 4~5월, 지름 15㎝의 빨간색 꽃이 향기가 매우 좋다.

열매 9월, 짙은 갈색의 열매가 달린다.

잎 3엽으로 갈라지고, 표면에는 털이 없으며, 단풍은 옅은 빨간색이다.

| 형태적 특성 |

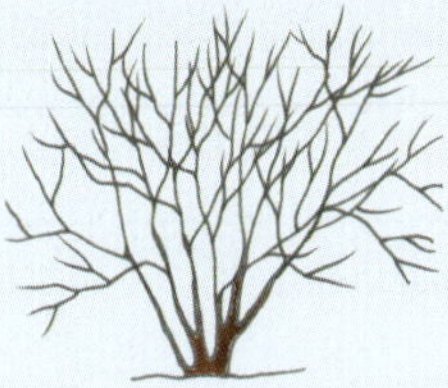

성장 1~2m
수형 부채꼴형

| 분포도 |

북부, 중부, 남부, 남해안지방

| 생태적 특성 |

내한성	강함	내염성	약함
맹아력	강함	토성	사질양토
음양성	양수	양분	비옥토
이식	보통	생장속도	느림
수분	적윤지	근계분포	천근성
내공해성	보통		

| 조경설계적 특성 |

- 옛날부터 모란과 관련된 그림, 설화 등이 많이 있기에 전통 공간에 적합하다.

배식장소

- 건축물 주요 녹지에 단식 또는 군식으로 초점식재, 경관식재, 상징식재
- 공원 및 녹지에 단식 또는 군식으로 초점식재, 경관식재, 상징식재
- 모란과 유사한 작약은 숙근성 초화이다.
- 전통조경수종으로 사용 가능하다.(부귀, 영예, 미인, 애정을 상징)

일본매자나무

Berberis thunbergii DC.
낙엽활엽관목/ 매자나무과/ 자주일본매자나무

가을의 포도송이처럼 달리는 열매가
아름다운 나무이다.

수피 회색빛을 띠는 갈색으로 가시가 1~3개(대다수 1개)이다.

꽃 5월, 노란색의 꽃이 나무 전체에 핀다.

열매 9월, 빨간색의 열매가 매우 아름답다.

앞면 뒷면

잎 길이 3~7㎝, 가장자리는 밋밋하며, 빨간색과 녹색 잎이 섞여 있고, 단풍은 빨간색으로 매우 아름답다.

| 형태적 특성 |

성장 2~3m
수형 원형

| 분포도 |

북부, 중부, 남부, 남해안지방

| 생태적 특성 |

내한성	강함	내염성	약함
맹아력	강함	토성	사질양토
음양성	중용수	양분	비옥토
이식	용이	생장속도	빠름
수분	건조지	근계분포	천근성
내공해성	약함		

| 조경설계적 특성 |

- 꽃과 단풍이 아름다우며 그늘에 잘 견디기에 교목 하부 수하식재로 적합하다.

배식장소

- 건축물 주요 녹지의 군식으로 경관식재, 건축물 외곽 녹지의 울타리식재
- 공원 및 녹지의 울타리식재, 외곽 녹지의 군식으로 경관식재

매자나무의 특징

- 매자나무 잎은 가장자리 톱니, 가시가 1~3개(대부분 1개)
- 당매자나무 잎은 가장자리 밋밋, 가시가 1~3개(대부분 1개)
- 매발톱나무는 잎은 가장자리 날카로운 톱니, 가시가 3개

매발톱나무

Berberis amurensis Rupr.
낙엽활엽관목/ 매자나무과

'나무의 가시가 매의 발톱 같다' 하여 매발톱나무이다.

줄기 회색으로 가시가 3개이다.

꽃 4~5월, 지름 1㎝의 노란색 꽃이 10~20개로 모여 핀다.

열매 9~10월, 길이 1㎝, 빨간색 열매가 달린다.

앞면 뒷면

잎 길이 3~8㎝이며, 가장자리에는 예리한 톱니가 있으며, 단풍은 빨간색이다.

| 형태적 특성 |

성장 2m
수형 부채꼴형

| 분포도 |

북부, 중부, 남부, 남해안지방

| 생태적 특성 |

내한성	강함	내염성	강함
맹아력	강함	토성	사질양토
음양성	중용수	양분	비옥토
이식	용이	생장속도	빠름
수분	적윤지	근계분포	천근성
내공해성	보통		

| 조경설계적 특성 |

- 꽃과 단풍이 아름다우며 그늘에 잘 견디기에 교목 하부 수하식재로 적합하다.

배식장소

- 건축물 주요 녹지의 군식으로 경관식재, 건축물 외곽 녹지의 울타리식재
- 공원 및 녹지의 울타리식재, 외곽 녹지의 군식으로 경관식재

나무수국

Hydrangea paniculata Sieb.
낙엽활엽관목/ 범의귀과

무성화의 꽃과 유성화의 꽃이 한 화서에 같이 핀다.

꽃 7~8월, 흰색으로 피는 꽃은 매우 탐스럽다.

열매 10~11월, 갈색으로 익는다.

잎 마주나기이며, 길이 5~12㎝, 너비 3~8㎝, 가장자리에는 예리한 톱니가 있으며, 단풍은 노란색이다.

| 형태적 특성 |

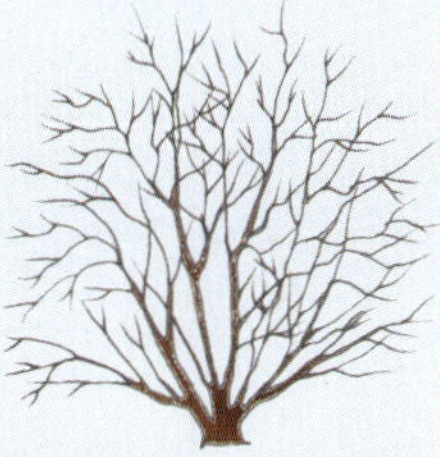

성장 2~4m
수형 부채꼴형

| 분포도 |

북부, 중부, 남부, 남해안지방

| 생태적 특성 |

내한성	강함	내염성	약함
맹아력	강함	토성	가리지 않음
음양성	양수	양분	비옥토
이식	용이	생장속도	빠름
수분	적윤지	근계분포	천근성
내공해성	강함		

| 조경설계적 특성 |

- 덩어리의 꽃이 나무에 주렁주렁 달리기에 교목과 교목 사이에 식재하며, 여름철 경관수로 적합하다.

배식장소

- 건축물 주요 녹지에 군식으로 초점식재, 경관식재
- 공원 및 녹지에 군식으로 초점식재, 경관식재
- 도로변이나 경사지의 주연부식재, 경관식재

산수국

Hydrangea serrata for. *acuminata* (S. et Z.) Wils.
낙엽활엽관목/ 범의귀과

산에 피는 수국이라 산수국이다.

꽃 7~8월, 옅은 보라색의 꽃은 대단히 아름답다.

열매 9~10월, 삭과열매는 달갈형~타원형으로 길이 3~4mm이며, 가을에 익는다.

앞면

뒷면

잎 마주나기이며, 가장자리는 날카로운 톱니가 있고 단풍은 빨간빛을 띠는 갈색이다.

| 형태적 특성 |

성장 1m
수형 부채꼴형

| 분포도 |

중부, 남부, 남해안지방

| 생태적 특성 |

내한성	보통	내공해성	강함
맹아력	강함	내염성	약함
음양성	중용수~음수	토성	가리지 않음
이식	용이	양분	비옥토
수분	습윤지	근계분포	천근성

| 조경설계적 특성 |

- 그늘에 잘 견디므로 교목 하부 및 반음지 지역에 적합하다.

배식장소

- 건축물의 주요 녹지에 군식으로 초점식재, 경관식재, 외곽 녹지의 주연부식재
- 공원 및 녹지의 초점식재, 유도식재, 경관식재, 외곽 녹지의 주연부식재
- 습한 지역과 건조 지역을 가리지 않고 잘 자라기에 법면식재
- 생태복원용수종으로 사용 가능하다.

수국

Hydrangea macrophylla for. *otaksa* (S. et Z.) Wils.
낙엽활엽관목/ 범의귀과

수국은 꽃 색깔로 토양의 산도(PH)를 알 수 있다.

줄기 노란빛을 띠는 갈색으로 수피가 벗겨진다.

꽃 6~7월, 10~15㎝의 크기로 가지 끝에 핀다.

잎 가장자리는 작은 톱니가 있으며, 단풍은 노란색이다.

| 형태적 특성 |

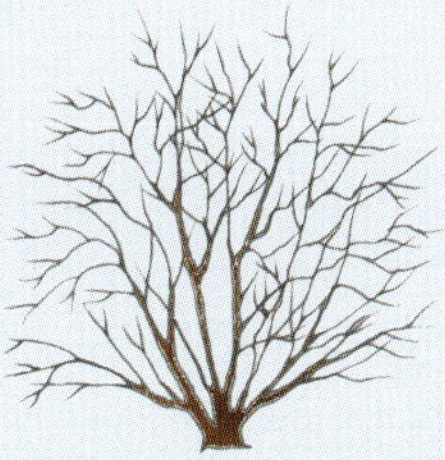

성장 1~2m
수형 부채꼴형

| 분포도 |

중부, 남부, 남해안지방

| 생태적 특성 |

내한성	보통	내염성	약함
맹아력	강함	토성	사질양토
음양성	중용수	양분	비옥토
이식	용이	생장속도	빠름
수분	습윤지	근계분포	천근성
내공해성	보통		

| 조경설계적 특성 |

- 수국 중 꽃이 가장 크고 화려하기에 여름철 경관수로 적합하다.

배식장소

- 건축물 주요 지점에 군식으로 초점식재, 경관식재, 유도식재
- 공원 및 녹지의 주요 지점 초점식재, 경관식재, 유도식재

수국의 특징

- 토양의 산도에 따라 파란꽃(산성), 빨간꽃(알카리성)으로 핀다.
- 수국은 무성화만 있고, 산수국과 나무수국은 무성화와 유성화가 같이 핀다.

고광나무

Philadelphus schrenkii Rupr.
낙엽활엽관목/ 범의귀과/ 산매화

고광나무의 꽃은 매화와 비슷하여 '산매화'라 불린다.

앞면

뒷면

잎 길이 7~13cm, 너비4~7cm, 가장자리에 날카로운 톱니가 있다.

꽃 4~5월, 지름 3~3.5cm, 흰색의 꽃이 향기가 좋다.

열매 안익은 것

열매 익은 것

열매 9~10월, 타원형이며, 끝이 뾰족하고 길이 6~9mm, 지름 4~5mm, 빨간색으로 가을에 성숙한다.

잎 마주나기이며, 단풍은 노란색이다.

| 분포도 |

북부, 중부, 남부, 남해안지방

| 뿌리모양 |

근원직경 2~3㎝, 수고 2m의 일본고광나무 뿌리

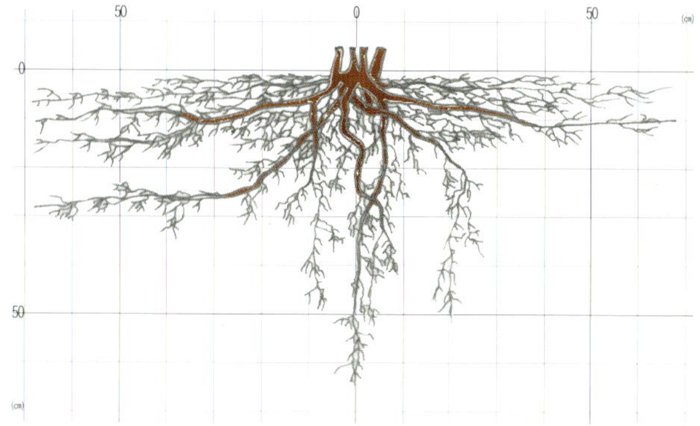

수직뿌리 중근성 **수평뿌리** 집중형 **잔뿌리** 적다

| 형태적 특성 |

성장 1~3m
수형 불규칙형

| 생태적 특성 |

내한성	강함	**내공해성**	보통
맹아력	강함	**내염성**	보통
음양성	양수	**토성**	가리지 않음
이식	용이	**양분**	척박토
수분	건조지	**생장속도**	빠름

| 조경설계적 특성 |

- 건조에 강하고 토성을 가리지 않으며, 양분을 요구하지 않는 나무 중 꽃이 많이 피는 나무는 매우 드물기에 법면 등 토양환경이 좋지 않은 곳에 적합하다.

배식장소

- 건축물 주변 녹지에 군식으로 울타리식재, 경관식재
- 공원 및 녹지에 군식으로 울타리식재, 외곽 녹지의 주연부식재
- 법면, 절개지, 황폐지 등의 경관식재

고광나무의 특징

- 독립수로 식재하기에는 왜소한 느낌이 나기에 군식으로 임의식재가 자연스럽다.
- 생태복원용수종으로 사용 가능하다.

만첩빈도리

Deutzia crenata f. *plena* Schneid
낙엽활엽관목/ 범의귀과/ 만첩빈도리

여러 겹의 꽃잎을 가진 나무를 만첩이라하며, 만첩빈도리는 여러겹의 꽃잎을 가진 빈도리이다.

앞면

뒷면

잎 길이 3~6㎝, 너비 1.5~3㎝, 가장자리에 작은 톱니가 있다.

줄기 빨간빛을 띠는 갈색의 수피가 세로방향의 줄무늬로 갈라지며, 가지가 뿌리에서 여러 갈래로 올라온다.

꽃 5~6월, 흰색의 여러겹의 꽃이 나무 전체에 피어 매우 아름답다.

열매 9월, 갈색으로 달린다.

잎 마주나기이며, 단풍은 갈색이다.

| 분포도 |

중부, 남부, 남해안지방

| 뿌리모양 |

근원직경 3~5㎝, 수고 1~2m의 빈도리 뿌리

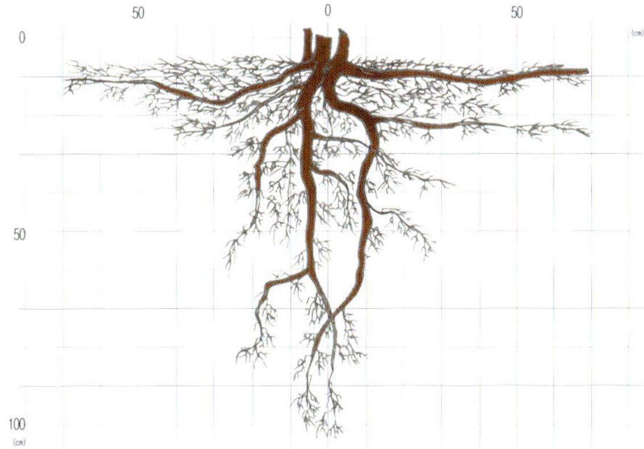

수직뿌리 심근성 수평뿌리 집중형 잔뿌리 많다

| 형태적 특성 |

성장 1~2m
수형 부채꼴형

| 생태적 특성 |

내한성	보통	내공해성	강함
맹아력	강함	내염성	강함
음양성	중용수	토성	가리지 않음
이식	용이	양분	척박지
수분	가리지 않음	생장속도	빠름

| 조경설계적 특성 |

- 건조에 강하고 토성을 가리지 않으며, 양분을 요구하지 않는 나무 중 꽃이 많이 피는 나무는 매우 드물기에 법면 등 토양환경이 좋지 않은 곳에 적합하다.

배식장소

- 건축물 주요 녹지에 군식으로 초점식재, 유도식재, 울타리식재
- 공원 및 녹지에 군식으로 유도식재, 초점식재, 울타리식재
- 법면, 절개지, 황폐지 등의 경관식재

많첩빈도리의 특징

- 많첩빈도리는 가지 전체에 흰색의 꽃이 온 나무를 덮으면서 피기에 매우 아름답다.
- 양분, 수분, 토성 등을 가리지 않기에 도로변이나 경사지에 경관식재로 좋다.

명자나무

Chaenomeles speciosa Nak.
낙엽활엽관목/ 장미과/ 산당화/ 명자꽃

명자나무는 빨간색, 분홍색, 흰색의 꽃이 핀다.

꽃 4월, 지름 2.5~3.5㎝, 가지 끝에 핀다.

열매 8월, 노란색의 열매는 향기가 매우 좋다.

잎 어긋나기이며, 가장자리에는 작은 톱니가 있으며, 단풍은 노란색이다.

| 형태적 특성 |

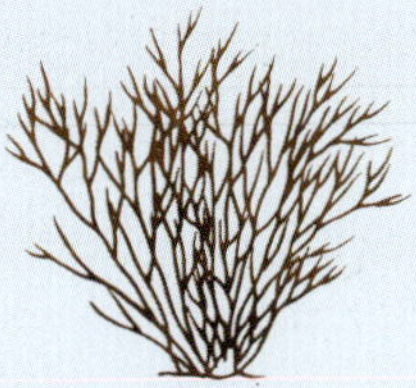

성장 1~2m
수형 부채꼴형

| 분포도 |

북부, 중부, 남부, 남해안지방

| 생태적 특성 |

내한성	강함	**내염성**	보통
맹아력	강함	**토성**	사질양토
음양성	중용수	**양분**	비옥토
이식	용이	**생장속도**	빠름
수분	가리지 않음	**근계분포**	천근성
내공해성	강함		

| 조경설계적 특성 |

- 꽃이 나무 전체에 피며, 봄을 알리는 전령수이다.

배식장소

- 건축물의 주요 부분에 군식으로 초점식재, 경관식재
- 공원 및 녹지의 주요 부분에 군식으로 초점식재, 경관식재

명자나무의 특징

- 명자나무는 향나무와 가까이 심으면 안된다. (붉은별무늬병이 걸려 꽃의 개화가 부실)
- 명자나무는 뿌리에서 많은 가지가 올라오며, 가지에는 가시가 있다.

장미

Rosa spp.
낙엽활엽관목/ 장미과

장미는 BC 2000년경부터 조경수로 사용하였다.

노란꽃

분홍색꽃

꽃 6~7월, 지름 3.5㎝, 빨간색, 분홍색, 노란색, 흰색 등 다양한 색상의 꽃이 핀다.

열매 10월경, 빨간빛을 띠는 갈색의 열매가 가지 끝에 달린다.

잎 어긋나기이며, 기수 1회 우상복엽으로 가장자리에 작은 톱니가 있으며, 단풍은 노란색이다.

| 형태적 특성 |

성장 1~2m
수형 부채꼴형

| 분포도 |

중부, 남부, 남해안지방

| 생태적 특성 |

내한성	보통	내염성	약함
맹아력	강함	토성	사질양토, 식양토
음양성	양수	양분	비옥토
이식	용이	생장속도	매우 빠름
수분	적윤지	근계분포	천근성
내공해성	강함		

| 조경설계적 특성 |

- 꽃이 탐스럽고 매우 화려하며, 다양한 색상별로 이벤트 공간을 만드는 경관수로 적합하다.

배식장소

- 건축물 주요 녹지에 초점식재, 경관식재
- 공원 및 녹지의 주요 부분에 초점식재, 경관식재

장미의 특징

- 장미는 1,500여 종의 재배품종이 있어 매우 다양하다.
- 덩굴장미류는 병충해나 양분을 많이 필요하지 않으며, 일반 장미류는 병충해와 양분 등의 관리가 필요하다.
- 줄기에는 가시가 있다.

앵도나무

Prnus tomentosa Thunb.
낙엽활엽관목/ 장미과/ 앵두나무

여성의 아름다운 빨간 입술을 앵도 같다고 한다.

앞면

뒷면

잎 길이 5~7㎝, 너비 3~4㎝, 가장자리에 작은 톱니가 있으며, 뒷면은 잔털이 밀생한다.

수피 검은빛을 띠는 갈색으로 수피가 갈라진다.

꽃 4~5월, 지름 1.5~2㎝, 옅은 분홍색 또는 흰색 꽃이 나무 전체에 피며, 매우 아름답다.

열매 6월, 빨간색으로 열리는 열매는 식용이 가능하다.

잎 어긋나기이며, 단풍은 노란색이다.

| 분포도 |

북부, 중부, 남부, 남해안지방

| 뿌리모양 |

근원직경 3cm, 수고 2m의 앵도나무 뿌리

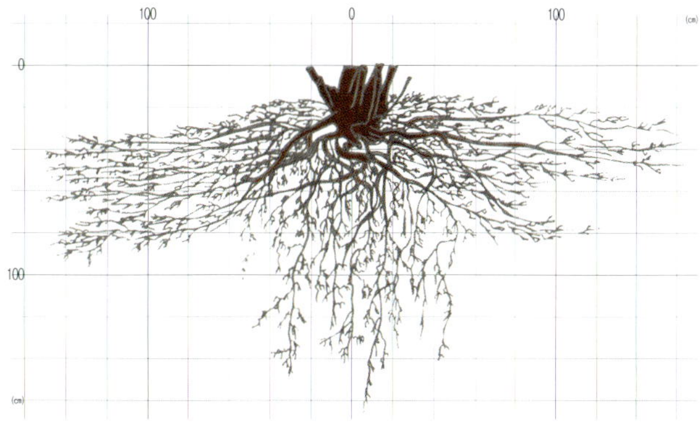

수직뿌리 심근성 **수평뿌리** 집중형 **잔뿌리** 많다

| 형태적 특성 |

성장 2~3m
수형 부채꼴형

| 생태적 특성 |

내한성	강함	**내공해성**	보통
맹아력	강함	**내염성**	약함
음양성	중용수	**토성**	사질양토
이식	용이	**양분**	비옥토
수분	적윤지	**생장속도**	빠름

| 조경설계적 특성 |

- 잎이 피기 전에 흰색 또는 옅은 분홍색의 꽃이 나무 전체를 덮기에 건물 모서리 또는 산책로의 경관수로 적합하다.

배식장소

- 건축물 주요 녹지의 초점식재, 건축물의 예각완화식재, 경관식재
- 공원 및 녹지의 초점식재, 외곽 녹지의 유도식재, 모서리식재, 경관식재

앵도나무의 특징

- 예로부터 농촌 및 도시에서 울타리에 앵도나무를 심어 꽃은 관상하고 열매는 과일로 식용하였다.
- 부여 궁남지 발굴 시 앵두씨가 발견되었다.
- 전통조경수종으로 사용 가능하다.(궁궐과 민간에서 식용으로 식재)

해당화

Rosa rugosa Thunb.
낙엽활엽관목/ 장미과/ 사계화

해안가에 피는 장미라는 의미로 해당화(海棠花)라 한다.

앞면

뒷면

잎 길이 2~5cm, 7~9개의 소엽으로 기수우상복엽이며, 가장자리에 작은 톱니가 있다.

줄기 가시 털이 있고, 수피는 회색빛을 띠는 갈색이다.

꽃 5~7월, 지름 6~9cm, 빨간색 꽃이 핀다.

열매 8~9월, 지름 2~2.5cm의 주황색의 열매가 달린다.

잎 어긋나기이며, 단풍은 노란색이다.

| 분포도 |

북부, 중부, 남부, 남해안지방

| 뿌리모양 |

근원직경 1.5㎝, 수고 1.2m의 해당화 뿌리

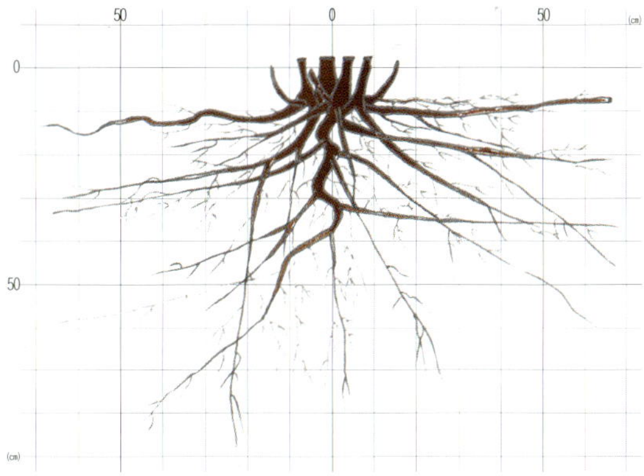

수직뿌리 심근성 **수평뿌리** 분산형 **잔뿌리** 적다

| 형태적 특성 |

성장 1.5~2m
수형 부채꼴형

| 생태적 특성 |

내한성	강함	**내공해성**	강함
맹아력	강함	**내염성**	강함
음양성	양수	**토성**	가리지 않음
이식	용이	**양분**	가리지 않음
수분	건조지	**생장속도**	빠름

| 조경설계적 특성 |

- 꽃이 크고 향기가 좋아 남부지방 해안 주변의 경관수로 적합하다.

배식장소

- 건축물 주요 녹지의 초점식재, 건축물의 예각완화식재, 경관식재, 상징식재
- 공원 및 녹지의 울타리식재, 외곽 녹지의 모서리식재, 경관식재, 상징식재
- 법면, 절개지, 황폐지 등의 주연부식재

해당화의 특징

- 가시가 있어 어린이 손이 닿는 곳에는 식재를 지양해야 한다.
- 뿌리에서 많은 줄기가 나와 빽빽하게 자란다.
- 해당화는 흰색, 노란색 꽃도 있다.

황매화

Kerria japonica Dc.
낙엽활엽관목/ 장미과

잎 모양이 매화를 닮은 노란색 매화이다.

앞면

뒷면

잎 길이 3~7cm, 너비 2~3.5cm, 가장자리에 이중 톱니가 있다.

줄기 색상이 녹색인 것이 특징이며, 많은 줄기가 한군데에서 올라온다.

꽃 4~5월, 지름 3~4cm, 노란색 꽃이 나무 전체를 덮어 핀다.

잎 어긋나기이며, 단풍은 노란색이다.

| 분포도 |

중부, 남부, 남해안지방

| 뿌리모양 |

근원직경 0.3~0.7cm, 수고 1.0m의 황매화 뿌리

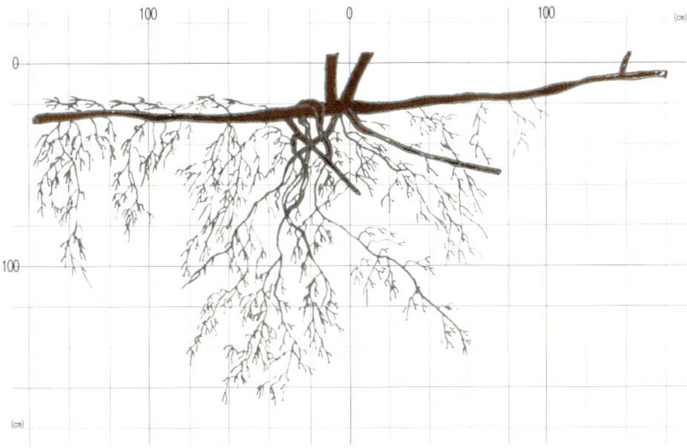

수직뿌리 천근성 **수평뿌리** 집중형 **잔뿌리** 보통

| 형태적 특성 |

성장 1.5~2m
수형 처짐형

| 생태적 특성 |

내한성	보통	**내공해성**	강함
맹아력	강함	**내염성**	약함
음양성	중용수	**토성**	가리지 않음
이식	용이	**양분**	비옥토
수분	습윤지	**생장속도**	빠름

| 조경설계적 특성 |

- 노란색의 꽃이 나무 전체에 피며, 생육이 좋고, 관리가 적은 나무이기에 다양한 용도로 사용 가능한 나무이다.

배식장소

- 건축물 주요 녹지의 울타리식재, 건축물 외곽 녹지의 울타리식재, 경관식재, 건축물의 예각완화식재
- 공원 및 녹지의 울타리식재, 외곽 녹지의 울타리식재, 경관식재, 모서리식재, 유도식재

황매화의 특징

- 황매화와 비슷한 '죽단화'의 꽃은 여러 겹의 꽃잎으로 되어있다.

쉬땅나무

Sorbaria sorbifolia var. *stellipila* Max.
낙엽활엽관목/ 장미과/ 개쉬땅나무

곱게 갈라진 잎이 예쁘고, 흰색 꽃이 가지 끝에 복총상화서로 아름답게 핀다.

앞면

뒷면

잎 길이 20~30cm, 우상복엽으로 소엽은 길이 6~10cm, 너비 1.5~2cm로서 13~23개이며, 잎의 끝이 꼬리처럼 뾰족하다.

줄기 많은 줄기가 한군데서 올라오며, 회색빛을 띠는 갈색의 수피가 특색있게 갈라진다.

꽃 6~7월, 흰색으로 피는 꽃은 말총처럼 핀다.

열매 9월, 노란빛을 띠는 갈색으로 익는다.

잎 어긋나기이며, 단풍은 노란색이다.

| 분포도 |

북부, 중부지방

| 뿌리모양 |

근원직경 2~3㎝, 수고 2.2m의 쉬땅나무 뿌리

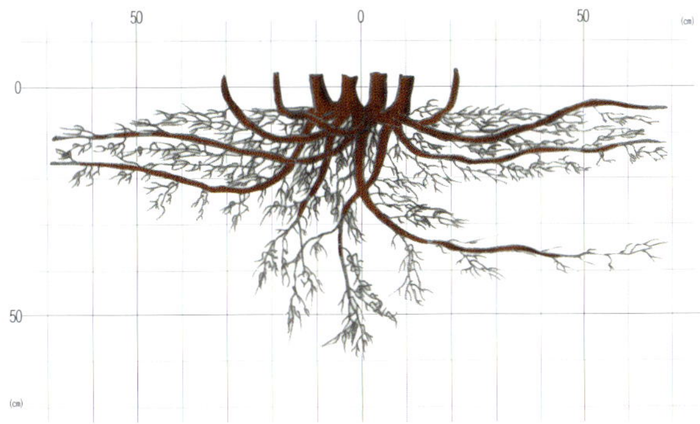

수직뿌리 천근성 **수평뿌리** 분산형 **잔뿌리** 많다

| 형태적 특성 |

성장 2~3m
수형 처짐형

| 생태적 특성 |

내한성	강함	**내공해성**	강함
맹아력	강함	**내염성**	약함
음양성	중용수	**토성**	가리지 않음
이식	용이	**양분**	보통토
수분	가리지 않음	**생장속도**	매우 빠름

| 조경설계적 특성 |

• 잎과 꽃, 단풍이 아름다워 여름철의 경관수로 적합하다.

배식장소

• 건축물의 예각완화식재, 건축물 외곽 녹지의 주연부식재, 경관식재
• 공원 및 녹지의 울타리식재, 주연부식재, 모서리식재, 경관식재
• 법면, 절개지, 황폐지 등의 경관식재

쉬땅나무의 특징

• 향기가 좋고, 꽃에 꿀이 많이 나기에 밀원식물로 적합하다.
• 봄에 이식하면 당년(6~7월)에 꽃을 볼 수 있다.
• 꽃이 서리가 내릴 때까지 피고 지고 한다.
• 생태복원용수종으로 사용 가능하다.

병아리꽃나무

Rhodotypos scandens (Thumb.) Mak.
낙엽활엽관목/ 장미과/ 구슬꽃나무

병아리꽃나무의 꽃은 노란색이 아니라 흰색의 꽃이 핀다.

앞면

뒷면

잎 길이 4~8㎝, 너비 2~4㎝, 가장자리에 이중 톱니가 있으며, 엽맥이 뚜렷하다.

꽃 5월, 흰색의 꽃이 핀다.

열매 9월, 검은색의 4개의 열매가 대칭으로 달린다.

잎 마주나기이며, 단풍은 노란색이다.

| 분포도 |

중부, 남부, 남해안지방

| 뿌리모양 |

수령 10년생, 근원직경 0.5~1.0㎝, 수고 0.8m의 병아리꽃나무 뿌리

수직뿌리 천근성 **수평뿌리** 집중형 **잔뿌리** 많다

| 형태적 특성 |

성장 2m
수형 처짐형

| 생태적 특성 |

내한성	보통	**내공해성**	강함
맹아력	보통	**내염성**	강함
음양성	양수	**토성**	가리지 않음
이식	용이	**양분**	비옥토
수분	가리지 않음	**생장속도**	빠름

| 조경설계적 특성 |

- 4월, 흰색의 꽃이 푸른 잎과 조화를 이루며, 열매, 단풍이 좋아 다양한 용도로 사용 가능한 나무이다.

배식장소

- 건축물 주요 녹지의 울타리식재, 경관식재, 건축물 외곽 녹지의 주연부식재
- 공원 및 녹지의 울타리식재, 경관식재, 외곽 녹지의 주연부식재

병아리꽃나무의 특징

- 꽃, 열매, 단풍이 모두 아름답다.
- 황매화와 비슷하나 황매화는 노란색 꽃, 병아리꽃나무는 흰색 꽃이 핀다.

조팝나무

Spiraea prunifolia var. *simpliciflora* Nak.
낙엽활엽관목/ 장미과/ 조밥나무

조팝나무는 조밥나무(꽃이 핀 모습이 좁쌀이 가지에 붙은)에서 유래되었다.

앞면

뒷면

잎 가장자리에 작은 톱니가 있다.

줄기 수피는 짙은 갈색이며, 줄기는 뿌리에서 여러 갈래가 올라온다.

꽃 4~5월, 흰색의 꽃이 나무 전체에 핀다.

잎 어긋나기이며, 단풍은 빨간색과 노란색이다.

| 분포도 |

북부, 중부, 남부, 남해안지방

| 뿌리모양 |

근원직경 2~3㎝, 수고 1.2m의 조팝나무 뿌리

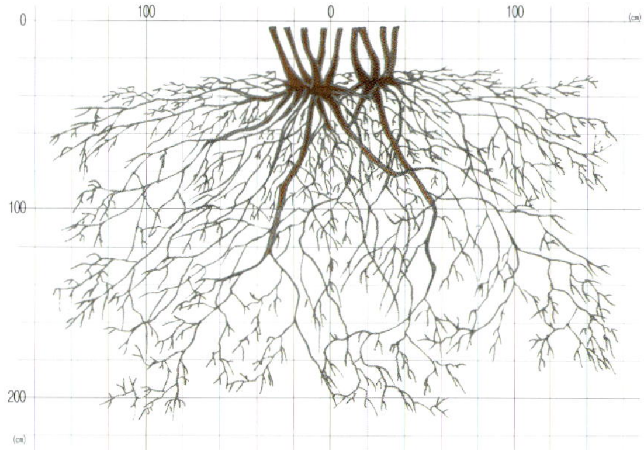

수직뿌리 천근성 **수평뿌리** 집중형 **잔뿌리** 적다

| 형태적 특성 |

성장 1.5~2m
수형 처짐형

| 생태적 특성 |

내한성	강함	**내공해성**	약함
맹아력	강함	**내염성**	약함
음양성	양수	**토성**	가리지 않음
이식	용이	**양분**	가리지 않음
수분	가리지 않음	**생장속도**	빠름

| 조경설계적 특성 |

- 잎이 피기 전에 흰색으로 피는 꽃이 나무 전체를 덮으며, 관리가 매우 용이하기에 다양한 용도로 사용 가능한 수종이다.

배식장소

- 건축물 주요 녹지의 울타리식재, 건축물 외곽 녹지의 주연부식재, 경관식재, 모서리식재 등
- 공원 및 녹지의 울타리식재, 외곽 녹지의 주연부식재, 울타리식재, 경관식재, 모서리식재 등
- 법면, 절개지, 황폐지 등의 경관식재

조팝나무의 특징

- 1주를 심으면 2주가 생긴다는 속설이 있을 정도로 뿌리에서 여러 개의 가지가 올라온다.

꼬리조팝나무

Spiraea salicifolia L.
낙엽활엽관목/ 장미과

가지 끝에 꼬리처럼 보이는 꽃이 주렁주렁 피기에 꼬리조팝나무이다.

꽃 6~7월, 분홍색의 꽃이 가지 끝에 핀다.

열매 갈색의 열매가 달린다.

잎 어긋나기이며, 가장자리에 톱니가 있고, 단풍은 노란색이다.

| 형태적 특성 |

성장 1.5~2m
수형 처짐형

| 분포도 |

북부, 중부, 남부, 남해안지방

| 생태적 특성 |

내한성	강함	내염성	약함
맹아력	강함	토성	가리지 않음
음양성	양수	양분	가리지 않음
이식	용이	생장속도	빠름
수분	가리지 않음	근계분포	천근성
내공해성	약함		

| 조경설계적 특성 |

- 척박한 토양에 잘 자라며 꽃이 특이하기에 다양한 용도로 적합하다.

배식장소

- 건축물에 군식으로 예각완화식재, 초점식재, 유도식재, 경관식재
- 공원 및 녹지에 군식으로 유도식재, 초점식재, 울타리식재, 경관식재
- 법면, 절개지, 황폐지 등의 경관식재

골담초

Caragana sinica Rehder
낙엽활엽관목/ 콩과

나무의 뿌리와 가지가 뼈를 좋게 하기에 골담초이다.

줄기 지상부에서 많은 줄기가 올라와 큰 포기를 형성한다.

꽃 4~5월, 길이 2.5~3cm, 노란색의 꽃이 핀다.

잎 어긋나기이며, 길이 1~3cm, 우수 1회 우상복엽이며, 엽축은 대개 가시로 되고 소엽은 4개이며, 단풍은 노란색이다.

| 형태적 특성 |

성장 1~2m
수형 처짐형

| 분포도 |

중부, 남부, 남해안지방

| 생태적 특성 |

내한성	보통	내염성	강함
맹아력	강함	토성	가리지 않음
음양성	양수	양분	가리지 않음
이식	용이	생장속도	빠름
수분	건조지	근계분포	천근성
내공해성	강함		

| 조경설계적 특성 |

- 척박한 토양에 잘 자라며 군식으로 식재하여 다양한 용도로 사용이 가능하다.

배식장소

- 건축물 모서리에 군식으로 예각완화식재, 울타리식재, 경관식재, 유도식재
- 공원 및 녹지에 군식으로 울타리식재, 유도식재, 경관식재
- 법면, 절개지, 황폐지 등의 경관식재

박태기나무

Cercis chinensis Bunge
낙엽활엽관목/ 콩과/ 구슬꽃나무(북한 이름)

세상에서 꽃이 가장 많이 피는 나무가 박태기나무이다.

앞면

뒷면

잎 크기 6~11㎝,
잎 표면에 광택 있다.

수피 회색빛을 띠는 갈색이며, 어린가지는 지그재그로 자란다.

꽃 4월, 빨간색 꽃이 나무 전체를 덮는다.

열매 8~9월, 길이 7~10㎝, 콩깍지가 열린다.

잎 어긋나기이며, 단풍은 노란색이다.

| 분포도 |

중부, 남부, 남해안지방

| 뿌리모양 |

수령 40년생, 흉고직경 24㎝, 수고 5m의 캐나다박태기나무 뿌리

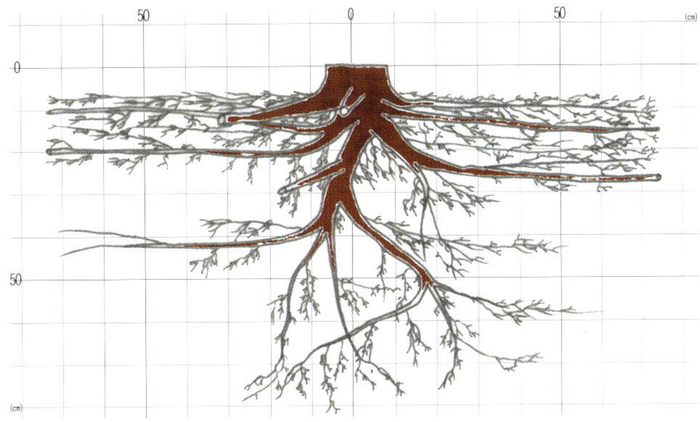

수직뿌리 중근성 **수평뿌리** 분산형 **잔뿌리** 많다

| 형태적 특성 |

성장 3~5m
수형 부채꼴형

| 생태적 특성 |

내한성	보통	**내공해성**	보통
맹아력	보통	**내염성**	강함
음양성	양수	**토성**	가리지 않음
이식	불량	**양분**	가리지 않음
수분	가리지 않음	**생장속도**	매우 빠름

| 조경설계적 특성 |

- 꽃이 나무 전체를 덮어 봄을 알리는 전령수로 적합하나 잔가지가 적어 나무가 왜소해 보이기에 군식 또는 모아 심기로 식재하는 것이 좋다.

배식장소

- 건축물 주요 녹지의 초점식재, 건축물 외곽 녹지의 주연부식재, 건축물의 예각완화식재, 경관식재
- 공원 및 녹지의 초점식재, 외곽 녹지의 주연부식재, 모서리식재, 경관식재

박태기나무의 특징

- 뿌리에 뿌리혹박테리아가 있어 척박한 토양에 생육이 좋으며, 토양을 비옥하게 한다.
- 환경정화수종이다.(주택가)

화살나무

Euonymus alatus Sieb.
낙엽활엽관목/ 노박덩굴과

나무의 가지가 화살의 날개처럼 생겨 화살나무이다.

줄기 수피는 회색빛을 띠는 갈색이며, 2~4줄의 코르크질 날개가 있다.

꽃 5~6월, 5mm의 크기로 노란빛을 띠는 녹색으로 핀다.

열매 10~11월, 빨간색으로 익는다.

앞면 뒷면

잎 마주나기이며, 길이 2~7cm, 너비 1~3cm, 가장자리에 작은 톱니가 있으며, 단풍은 빨간색이다.

| 형태적 특성 |

성장 2~3m
수형 부채꼴형

| 분포도 |

북부, 중부, 남부, 남해안지방

| 생태적 특성 |

내한성	강함	**내염성**	강함
맹아력	강함	**토성**	가리지 않음
음양성	중용수	**양분**	비옥토
이식	용이	**생장속도**	느림
수분	건조지	**근계분포**	천근성
내공해성	보통		

| 조경설계적 특성 |

- 가지가 특이하며, 가을의 매우 빨간 단풍이 매혹적이기에 가을의 경관수로 적합하다.

배식장소

- 건축물의 예각완화식재, 초점식재, 경관식재, 울타리식재
- 공원 및 녹지의 주요 부분의 초점식재, 모서리식재, 경관식재, 울타리식재

낙상홍

Ilex serrata Thunb.
낙엽활엽관목/ 감탕나무과

붉은 열매가 겨울철 서리가 내릴 때가 되면 떨어져 낙상홍(落霜紅)이다.

꽃 6월, 갈색의 꽃이 핀다.

열매 9~10월, 5㎜의 짙은 빨간색의 열매가 매우 많이 달린다.

앞면 뒷면

잎 가장자리에 작은 톱니가 있으며, 단풍은 빨간색으로 아름답다.

| 형태적 특성 |

성장 2~3m
수형 타원형

| 분포도 |

중부, 남부, 남해안지방

| 생태적 특성 |

내한성	보통	내염성	강함
맹아력	강함	토성	가리지 않음
음양성	중용수	양분	비옥토
이식	용이	생장속도	빠름→느림
수분	적윤지	근계분포	천근성
내공해성	강함		

| 조경설계적 특성 |

- 가을의 빨간색 열매가 특징이기에 가을의 경관수로 적합하다.

배식장소

- 건축물 주요 녹지의 경관식재
- 공원 및 녹지의 경관식재
- 환경정화수종이다.(공장, 도로변)

무궁화

Hibiscus syriacus L.
낙엽활엽관목/ 아욱과/ 목근화/ 근화

우리나라 나라꽃인 무궁화(無窮花)는 꽃이 끝도 없이 핀다는 뜻이다.

앞면

뒷면

잎 어긋나기이며, 크게 3개로 갈라지며, 가장자리에 둔탁한 거치가 있으며, 끝이 뾰족하고, 단풍은 노란색이다.

수피 회색의 수피를 가지며, 줄기가 뿌리에서 여러 개 올라온다.

꽃 7~9월, 피고 지고를 반복한다. 사진은 홍단심계의 꽃이다.

열매 10월, 노란빛을 띠는 갈색으로 익는다.

| 분포도 |

북부, 중부, 남부, 남해안지방

| 뿌리모양 |

수령 20년생, 흉고직경 12㎝, 수고 3.5m의 무궁화 뿌리

수직뿌리 중근성 **수평뿌리** 중간형 **잔뿌리** 적다

| 형태적 특성 |

성장 3~4m
수형 타원형

| 생태적 특성 |

내한성	강함	**내공해성**	강함
맹아력	강함	**내염성**	강함
음양성	양수	**토성**	가리지 않음
이식	용이	**양분**	비옥토
수분	적윤지	**생장속도**	빠름→느림

| 조경설계적 특성 |

- 우리나라를 상징하는 꽃으로 관공서 건물 및 공원의 여름철 경관수로 적합하다.

배식장소

- 건축물 주요 녹지의 초점식재, 외곽 녹지의 경관식재, 상징식재
- 공원 및 녹지의 주요 부분의 초점식재 및 외곽 녹지의 경관식재, 상징식재

무궁화의 특징

- 무궁화의 품종은 배달계, 단심계, 아사달계 등 한국에 약 200여 종이 있으며, 단심계(꽃의 중심부에 빨간색 무늬)가 일반적이다.
- 환경정화수종이다.(공장, 도로변)
- 전통조경수종으로 사용 가능하다.

생강나무

Lindera obtusiloba Bl.
낙엽활엽관목/ 녹나무과

잎을 비벼 짓이기거나, 나뭇가지의 수피를 벗겨 냄새를 맡으면 생강냄새가 나기에 생강나무라 한다.

수꽃

암꽃

앞면
뒷면

꽃 3~4월, 암수딴그루로 수꽃과 암꽃이 서로 다른 나무에 핀다.

열매 9~10월, 검은색으로 익는다.

잎 어긋나기이며, 길이 5~15㎝, 너비 4~13㎝, 윗부분이 3~5개로 갈라지며, 단풍은 노란색이다.

| 형태적 특성 |

성장 3m
수형 불규칙형

| 분포도 |

북부, 중부, 남부, 남해안지방

| 생태적 특성 |

내한성	강함	내염성	강함
맹아력	보통	토성	가리지 않음
음양성	중용수	양분	척박지
이식	불량	생장속도	느림
수분	건조지	근계분포	천근성
내공해성	약함		

| 조경설계적 특성 |

- 매우 이른 초봄에 잎보다 꽃이 먼저 피기에 봄을 맞이하는 전령수이며, 척박지에서 매우 잘 자란다.

배식장소

- 산림복원용 및 생태복원용 수종으로 공원 및 녹지의 주연부식재
- 산수유의 꽃과 매우 비슷하나 산수유 잎은 갈라지지 않는다.
- 생태복원용수종으로 사용 가능하다.

좀작살나무

Callicarpa dichotoma Raeusch.
낙엽활엽관목/ 마편초과

열매가 조그마한 작살나무라는 뜻으로 좀작살나무이다.

꽃 8월, 분홍색으로 피는 꽃이 아름답다.

열매 10월, 짙은 자주색의 구슬 같은 열매가 10~20개씩 가지 마디마다 달린다.

앞면 뒷면

잎 마주나기이며, 길이 3~8cm, 너비 1.5~3cm로 잎의 끝이 뾰족하고 가장자리 밑부분 1/3부분부터 둔한 톱니가 있으며, 단풍은 노란색이다.

| 형태적 특성 |

성장 1.5m
수형 처짐형

| 분포도 |

북부, 중부, 남부, 남해안지방

| 생태적 특성 |

내한성	강함	내염성	강함
맹아력	강함	토성	가리지 않음
음양성	중용수	양분	보통토
이식	용이	생장속도	빠름
수분	적윤지	근계분포	천근성
내공해성	보통		

| 조경설계적 특성 |

- 가을의 자주색 열매가 매우 아름다우며, 양분을 많이 요구하지 않기에 법면 등의 척박지의 경관수로 적합하다.

배식장소

- 건축물의 예각완화식재, 주요 부분의 경관식재, 울타리식재, 유도식재
- 공원 및 녹지의 경관식재, 모서리식재, 울타리식재, 유도식재
- 법면, 절개지, 황폐지 등의 경관식재

개나리

Forsythia koreana Nak.
낙엽활엽관목/ 물푸레나무과

동요 "나리나리 개나리 입에 따다 물고요"의 가사의 나무가 개나리이다.

앞면

뒷면

잎 길이 3~12㎝, 표면에 광택이 있고, 가장자리는 1/2 이상부터 작은 톱니가 있거나 밋밋하다.

줄기 뿌리 부분에서 여러 개가 올라오며 수피는 녹색에서 회색빛을 띠는 갈색으로 변한다.

꽃 4월, 잎이 나기 전에 나무 전체에 핀다.

열매 9~10월, 길이 1.5~2㎝, 종자는 갈색으로 익는다.

잎 마주나기이며, 단풍은 노란색이다.

| 분포도 |

북부, 중부, 남부, 남해안지방

| 뿌리모양 |

수령 5년생, 근원직경 1~2㎝, 수고 1m의 당개나리 뿌리

수직뿌리 천근성 **수평뿌리** 분산형 **잔뿌리** 많다

| 형태적 특성 |

성장 2~3m
수형 처짐형

| 생태적 특성 |

내한성	강함	**내공해성**	강함
맹아력	강함	**내염성**	강함
음양성	중용수	**토성**	가리지 않음
이식	용이	**양분**	가리지 않음
수분	건조지	**생장속도**	매우 빠름

| 조경설계적 특성 |

- 봄을 알리는 전령수로 토성을 가리지 않고 잘 자라기에 다양한 용도로 사용 가능하다.

배식장소

- 건축물 주변 외곽 녹지에 열식으로 울타리식재, 건축물의 예각완화식재, 유도식재, 경관식재
- 공원 및 녹지의 경계지역에 열식으로 울타리식재, 모서리식재, 유도식재, 경관식재
- 법면, 절개지, 황폐지 등의 경관식재

개나리의 특징

- 가지가 땅에 닿으면 그 부분에서 뿌리가 내려 한 주의 나무가 될 정도로 번식력이 매우 뛰어나다.
- 영어권에서는 코리아 골든벨(Korean Golden Bell)로 불리며, 한국이 원산지인 나무이다.
- 개나리는 2년생 가지에서 꽃이 피기에 가을에 강전정을 하면 다음해 봄에 꽃을 볼 수 없다.
- 환경정화수종이다.(공장, 도로변)

쥐똥나무

Ligustrum obtusifolium S. et Z.
낙엽활엽관목/ 물푸레나무과

열매가 쥐똥처럼 생겨 쥐똥나무라고 한다.

앞면

뒷면

잎 길이 2~7㎝, 너비 7~25㎜, 가장자리가 밋밋하다.

꽃 5~6월, 흰색으로 피는 꽃은 짙은 향기가 있다.

열매 10월, 검은색으로 익는 열매는 마치 쥐똥처럼 생겼다.

잎 마주나기이며, 단풍은 옅은 빨간색이다.

| 분포도 |

북부, 중부, 남부, 남해안지방

| 뿌리모양 |

수령 10년생, 근원직경 2~3㎝, 수고 1.5m의 쥐똥나무 뿌리

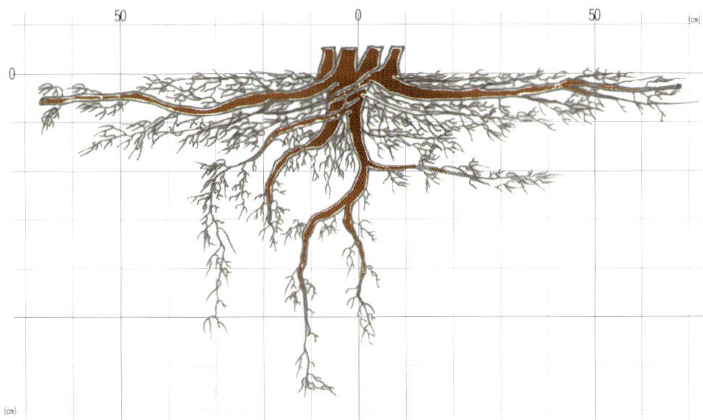

수직뿌리 천근성 **수평뿌리** 집중형 **잔뿌리** 많다

| 형태적 특성 |

성장 2~3m
수형 처짐형

| 생태적 특성 |

내한성	강함	**내공해성**	강함
맹아력	강함	**내염성**	강함
음양성	중용수	**토성**	가리지 않음
이식	용이	**양분**	비옥토
수분	적윤지	**생장속도**	매우 빠름

| 조경설계적 특성 |

- 뿌리에서부터 많은 가지가 올라오고, 맹아력이 강하며 전지 및 전정이 용이하기에 여러 용도로 사용 가능하다.

배식장소

- 건축물 주변 녹지의 울타리식재, 유도식재, 차폐식재, 경관식재
- 공원 및 녹지의 울타리식재, 유도식재, 차폐식재, 경관식재

쥐똥나무의 특징

- 병충해에 강해 관리가 용이하고 우리나라의 대표적인 울타리식재용 수종으로 사용한다.

가막살나무

Viburnum dilatatum Thunb.
낙엽활엽관목/ 인동과/ 탐춘화

가막살나무의 꽃말은 "사랑은 죽음보다 강하다" 이다.

앞면

뒷면

잎 길이 6~12㎝, 잎의 촉감은 거칠며, 엽맥이 뚜렷하고, 가장자리에 예리한 톱니가 있다.

줄기 회색빛을 띠는 갈색으로 뿌리에서 많은 가지가 올라온다.

꽃 5월, 지름 5~6㎜의 흰색의 작은 꽃이 모여, 지름 8~12㎝의 둥근 꽃으로 핀다.

열매 9월, 지름 8㎜, 짙은 빨간색으로 달린다.

잎 마주나기이며, 단풍은 빨간색이다.

| 분포도 |

중부, 남부, 남해안지방

| 뿌리모양 |

수령 20년생, 근원직경 5㎝, 수고 2m의 가막살나무 뿌리

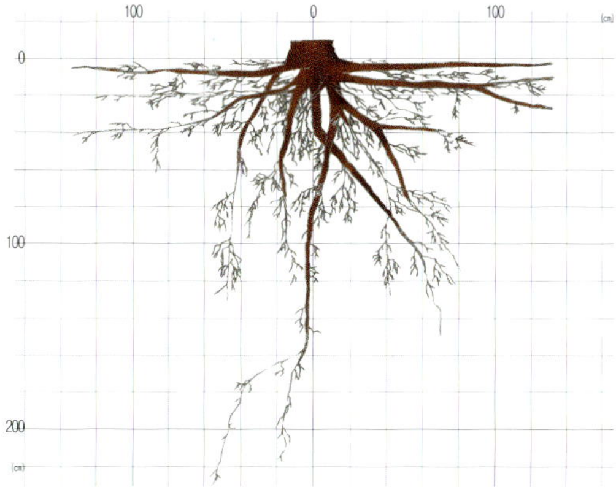

수직뿌리 중근성 **수평뿌리** 집중형 **잔뿌리** 많다

| 형태적 특성 |

성장 2~3m
수형 타원형

| 생태적 특성 |

내한성	보통	**내공해성**	강함
맹아력	보통	**내염성**	강함
음양성	중용수	**토성**	가리지 않음
이식	보통	**양분**	보통토
수분	가리지 않음	**생장속도**	느림

| 조경설계적 특성 |

- 봄의 꽃과 가을의 반짝이는 붉은 열매가 매우 아름다워 경관수로 적합하다.

배식장소

- 건축물 주변 주요 녹지 경관식재, 유도식재, 외곽 녹지의 주연부식재
- 공원 및 녹지의 초점식재, 유도식재, 경관식재, 외곽 녹지의 주연부식재
- 수분과 토성을 가리지 않기에 경사면의 법면식재

가막살나무의 특징

- 생태복원용수종으로 사용 가능하다.

덜꿩나무

Viburnum erosum Thunb.
낙엽활엽관목/ 인동과

덜꿩나무의 잎은 꿩의 깃털처럼 부드럽다.

앞면

뒷면

잎 길이 4~10㎝, 너비 2~5㎝, 잎의 가장자리에 뾰족한 톱니가 있다.

줄기 뿌리에서 많은 가지가 올라오며, 수피는 회색빛을 띠는 갈색이다.

꽃 4~5월, 지름 6~7㎜의 흰색의 작은 꽃이 모여, 지름 6~8㎝의 둥근 꽃으로 핀다.

열매 9월, 지름 6㎜의 빨간색의 열매가 열린다.

잎 마주나기이며, 단풍은 빨간색이다.

| 분포도 |

중부, 남부, 남해안지방.

| 뿌리모양 |

수령 15년생, 근원직경 4cm, 수고 3m의 덜꿩나무 뿌리

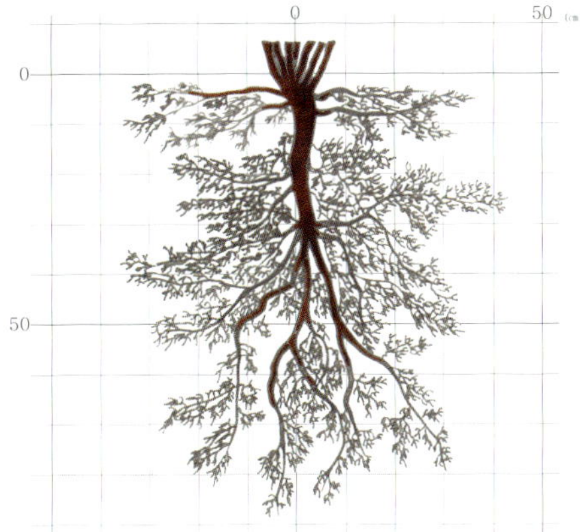

수직뿌리 중근성 **수평뿌리** 집중형 **잔뿌리** 많다

| 형태적 특성 |

성장 2~3m
수형 타원형

| 생태적 특성 |

내한성	보통	내공해성	보통
맹아력	강함	내염성	강함
음양성	중용수	토성	사질양토
이식	보통	양분	비옥토
수분	건조지	생장속도	보통

| 조경설계적 특성 |

- 흰색 꽃과 열매가 아름다워 경관수로 적합하다.

배식장소

- 건축물 주변 주요 녹지 경관식재, 유도식재
- 공원 및 녹지의 경관식재, 유도식재

덜꿩나무의 특징

- 덜꿩나무와 가막살나무는 매우 비슷하여 구분이 어려운데, 덜꿩나무는 잎이 긴달걀형이고 가막살나무는 넓은달걀형이며, 잎자루는 덜꿩나무는 짧고(2~6mm), 가막살나무는 길다(6~20mm).
- 덜꿩나무는 잎에 잔털이 많아 손의 감촉이 매우 부드러우나, 가막살나무는 거칠다.
- 생태복원용수종으로 사용 가능하다.

진달래

Rhododendron mucronulatum Turcz.
낙엽활엽관목/ 진달래과/ 참꽃/ 두견화

진달래 꽃은 먹을 수 있지만 철쭉 꽃은 먹지 못한다.

꽃 3~5월, 잎이 나기 전에 분홍색 꽃이 핀다.

열매 10월, 길이 2cm, 노란빛을 띠는 갈색 달린다.

앞면 뒷면

잎 어긋나기이며, 길이 4~7cm, 너비 1.5~2.5cm, 주맥이 뚜렷하며, 가장자리에게 밋밋하며, 단풍은 노란빛을 띠는 갈색이다.

| 형태적 특성 |

성장 2~3m
수형 타원형

| 분포도 |

북부, 중부, 남부, 남해안지방

| 생태적 특성 |

내한성	강함	**내염성**	강함
맹아력	강함	**토성**	가리지 않음
음양성	중용수	**양분**	비옥토
이식	보통	**생장속도**	느림
수분	적윤지	**근계분포**	천근성
내공해성	보통		

| 조경설계적 특성 |

- 우리나라의 봄철 어디에서나 볼 수 있는 대표적인 경관수이다.

배식장소

- 건축물 주변의 경관식재, 초점식재, 외곽 녹지의 주연부식재
- 공원 및 녹지의 경관식재, 초점식재, 외곽 녹지의 주연부식재
- 생태복원용수종으로 사용 가능하다.

산철쭉

Rhododendron yedoense var. *poukhanense* Lév.
낙엽활엽관목/ 진달래과/ 수달래/ 개꽃

산에 피는 철쭉이어서 산철쭉이다.

꽃 5월, 가지 끝에 2~3개씩 진달래꽃이 질 시기에 옅은 분홍색으로 핀다.

열매 10월, 옅은 갈색으로 달린다.

잎 어긋나기이며, 길이 3~8㎝, 너비 1~3㎝, 단풍은 빨간빛을 띠는 노란색이다.

| 형태적 특성 |

성장 1~2m
수형 원형

| 분포도 |

북부, 중부, 남부, 남해안지방

| 생태적 특성 |

내한성	강함	내염성	강함
맹아력	강함	토성	사질양토, 사토
음양성	양수	양분	보통토
이식	용이	생장속도	느림
수분	적윤지	근계분포	천근성
내공해성	강함		

| 조경설계적 특성 |

- 우리나라의 철쭉류 중 꽃이 가장 늦게 피며, 키가 낮게 퍼지면서 자리기에 교목 사이의 경관수로 적합하다.

배식장소

- 건축물 주변의 경관식재, 예각완화식재, 외곽 녹지의 주연부식재
- 공원 및 녹지의 경관식재, 모서리식재, 외곽 녹지의 주연부식재
- 산철쭉 잎은 주맥과 측맥이 뚜렷하지만, 진달래의 잎은 주맥만 뚜렷하다.
- 환경정화수종이다.(공장, 도로변, 주택가)
- 생태복원용수종으로 사용 가능하다.

07 만경류

등나무

Wisteria floribunda A.P. DC.
낙엽활엽만경목/ 콩과/ 등

등나무의 이름은 '줄기가 감아 올라가는 나무'라는 뜻이다.

앞면

뒷면

잎 기수 1회 우상복엽으로 소엽의 길이는 4~8cm, 13~19개이다.

덩굴 오른쪽에서 왼쪽으로 감아올라가며, 수피는 짙은 갈색이다.

꽃 5~6월, 길이 30~40cm 옅은 보라색의 꽃이 주렁주렁 달리며, 향기가 매우 좋다.

열매 9~10월, 부드러운 털로 싸인 콩깍지가 주렁주렁 열린다.

잎 어긋나기이며, 단풍은 노란색이다.

| 분포도 |

북부, 중부, 남부, 남해안지방

| 뿌리모양 |

수령 15년생, 근원직경 4㎝, 신장 4m의 등나무 뿌리

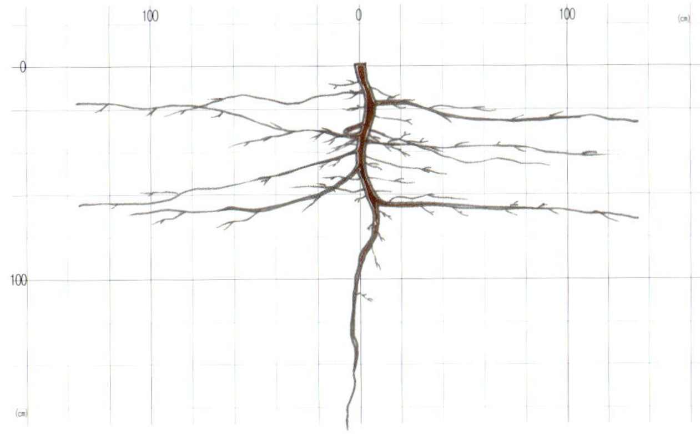

수직뿌리 심근성 **수평뿌리** 분산형 **잔뿌리** 적다

| 형태적 특성 |

연간신장 2.5~5m
총신장 10m 이상
등반특성 감는덩굴

| 생태적 특성 |

내한성	강함	**내공해성**	보통
맹아력	강함	**내염성**	강함
음양성	양수	**토성**	가리지 않음
이식	용이→불량	**양분**	가리지 않음
수분	가리지 않음	**생장속도**	느림

| 조경설계적 특성 |

- 덩굴성식물로 파고라 등에 감아올려 녹음수로 사용한다.

배식장소

- 파고라 위 그늘을 위한 녹음식재
- 법면의 토사유실 및 절개지의 토석유실을 방지하기 위한 재해방지용 법면식재
- 건축물의 벽면, 담, 콘크리트 옹벽 등에 등반 보조재 설치 후 경관식재, 차폐식재

등나무의 특징

- 잔뿌리가 많지 않아 이식 시 뿌리분을 넓게 만들어 이식하는 것이 생육에 좋다.
- 만경류 중 흡착근을 가진 식물은 등반 보조재가 필요없으나 감는덩굴 식물은 등반 보조재가 필요하다.

칡

Pueraria thunbergiana Benth.
낙엽활엽만경류/ 콩과

고열과 두통 해소에 좋은 갈근(葛根)차는 칡뿌리를 달여 만드는 차(茶)이다.

앞면

뒷면

잎 얕게 3개로 갈라지며, 소엽은 10~15㎝, 가장자리는 톱니가 없다.

덩굴 검은빛을 띠는 갈색의 수피를 가지고 있으며, 줄기가 감는덩굴을 가지고 있다.

꽃 8월, 길이 10~25㎝, 자주색의 꽃이 핀다.

열매 9~10월, 녹색의 거친 털로 싸인 콩깍지가 달린다.

잎 단풍은 노란색이다.

| 분포도 |

북부, 중부, 남부, 남해안지방

| 뿌리모양 |

근원직경 2㎝, 신장 1m의 칡 뿌리

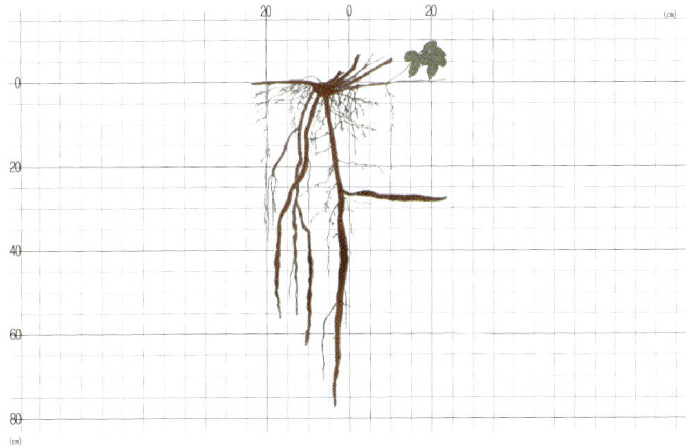

수직뿌리	심근성	수평뿌리	분산형	잔뿌리	적다

| 형태적 특성 |

연간신장 2~5m
총신장 10m 이상
등반특성 감는덩굴

| 생태적 특성 |

내한성	강함	내공해성	강함
맹아력	강함	내염성	강함
음양성	양수	토성	가리지 않음
이식	용이	양분	보통토
수분	적윤지~건조지	생장속도	매우 빠름

| 조경설계적 특성 |

- 번식력이 매우 좋으며 줄기가 덩굴, 포복이 가능하여 어느 곳이든 잘 올라가기에 재해 방지용으로 적합하다.

배식장소

- 건축물 및 토목, 급경사지역, 토석유실 우려 지역 등에 재해방지용으로 법면식재
- 콘크리트 옹벽의 차폐식재

칡의 특징

- 칡뿌리는 끊어지지 않고 길게 자라 2~10m까지 자란다.
- 전국 산야에 칡이 번성하여 기존 숲을 덮어 나무를 고사 시키는 등 폐해가 크다.

능소화

Campsis grandiflora (Thunb.) K.Schum.
낙엽활엽만경류/ 능소화과

옛 선비들은 능소화를 '양반꽃'이라 불렀다.

줄기 줄기 마디에서 뿌리 흡착근이 나와 나무나 담장에 기어오르며, 수피는 갈색으로 세로로 갈라진다.

꽃 8~9월, 주황색의 꽃이 매우 화려하고, 꽃에는 독성이 있다.

잎 마주나기이며, 가장자리는 거친 톱니가 있으며, 엽맥이 뚜렷하고, 단풍은 노란색이다. 기수 1회 우상복엽, 소엽 7~9개이다.

| 형태적 특성 |

연간신장 3~5m
총신장 10m 이상
등반특성 감는덩굴, 흡착근

| 분포도 |

중부, 남부, 남해안지방

| 생태적 특성 |

내한성	보통	내염성	강함
맹아력	강함	토성	가리지 않음
음양성	양수	양분	비옥토
이식	용이	생장속도	느림
수분	습윤지	근계분포	심근성
내공해성	강함		

| 조경설계적 특성 |

- 꽃이 매우 아름답기에 투시형 담장, 파고라 등의 경관수, 녹음수로 적합하다.

배식장소

- 건축물 벽면에 녹화용으로 경관식재, 건축물 측벽 및 서향 벽의 온도저감식재
- 파고라의 녹음식재
- 투시형 담장의 경관식재
- 공원 건축물의 벽면, 도심의 콘크리트 옹벽 등에 등반 보조재 설치 후 경관식재, 차폐식재

인동덩굴

Lonicera japonica Thunb.
반상록활엽만경목/ 인동과/ 금은화/ 인동초

겨울을 잘 견딘다고 해서 인동(忍冬)이다.

꽃 6~7월, 흰색→노란색으로 변하는 꽃은 매우 특색 있으며, 향기가 좋고, 꿀이 많아 밀원식물이다.

열매 9~10월, 크기 7~8mm로 검은색 열매가 달린다.

잎 마주나기이며, 길이 3~8cm, 너비 5~7cm로 가장자리가 밋밋하며, 단풍은 노란색이다.

| 형태적 특성 |

연간신장 1.5~5m
총신장 5~10m
등반특성 감는덩굴

| 분포도 |

북부, 중부, 남부, 남해안지방

| 생태적 특성 |

내한성	강함	**내염성**	강함
맹아력	강함	**토성**	가리지 않음
음양성	중용수	**양분**	척박토
이식	용이	**생장속도**	매우 빠름
수분	건조지	**근계분포**	천근성
내공해성	강함		

| 조경설계적 특성 |

- 법사면, 척박지, 황폐지 등 토양환경이 좋지 않은 곳의 경관식재로 적합하다.

배식장소

- 건축물 벽면에 녹화용으로 경관식재, 건축물 측벽 및 서향 벽의 온도저감식재
- 파고라의 녹음식재
- 투시형 담장의 경관식재
- 공원 건축물의 벽면, 도심의 콘크리트 옹벽 등에 등반 보조재 설치 후 경관식재, 차폐식재
- 남부지방의 따뜻한 곳에서는 반상록이기 때문에 잎이 떨어지지 않는다.

다래

Actinidia arguta Planch.
낙엽활엽만경류/ 다래나무과/ 다래덩굴

「청산별곡(靑山別曲)」의 '멀위랑 다래랑 먹고'의 다래이다.

꽃 5~6월, 지름 2㎝, 흰색의 꽃은 향기가 좋다.

열매 9~10월, 짙은 녹색의 열매는 맛이 좋아 식용으로 사용한다.

앞면 뒷면

잎 어긋나기이며, 길이 6~12㎝, 너비 3.5~7㎝, 가장자리에 작은 톱니가 있으며, 단풍은 노란색이다.

| 형태적 특성 |

연간신장 2m
총신장 5~10m
등반특성 감는덩굴

| 분포도 |

북부, 중부, 남부, 남해안지방

| 생태적 특성 |

내한성	강함	내염성	약함
맹아력	강함	토성	가리지 않음
음양성	양수	양분	비옥토
이식	용이	생장속도	빠름
수분	습윤지	근계분포	천근성
내공해성	보통		

| 조경설계적 특성 |

• 파고라 위, 투시형 담장 등의 경관수로 적합하다.

배식장소

• 파고라의 그늘을 위한 녹음식재
• 투시형 담장의 경관식재, 차폐식재
• 공원 건축물의 벽면, 도심의 콘크리트 옹벽 등에 등반 보조재 설치 후 경관식재, 차폐식재
• 양다래 즉, 서양다래는 키위를 말한다.

담쟁이덩굴

Parthenocissus tricuspidata (S. et Z.) Planch.
낙엽활엽만경류/ 포도과/ 담쟁이/ 담쟁이넝쿨

돌담, 암벽 및 건물의 벽에 매우 잘 붙어살기에 담쟁이덩굴이다.

흡착근 돌담이나 벽에 붙으면 잘 떨어지지 않는다.

열매 8~10월, 검정색으로 열매가 익는다.

잎 덩굴에 흡착근이 있어 등반성능이 매우 좋으며, 단풍은 빨간색으로 매우 아름답다.

| 형태적 특성 |

연간신장 2.5~5m
총신장 10m 이상
등반특성 흡착근

| 분포도 |

북부, 중부, 남부, 남해안지방

| 생태적 특성 |

내한성	강함	내염성	강함
맹아력	강함	토성	가리지 않음
음양성	음수→양수	양분	비옥토
이식	용이	생장속도	빠름
수분	건조지	근계분포	천근성
내공해성	강함		

| 조경설계적 특성 |

- 등반 성능이 탁월하여 벽면식재에 적합하다.

배식장소

- 건축물 벽면에 녹화용으로 경관식재, 건축물 측벽 및 서향 벽의 온도저감식재
- 공원 건축물의 벽면, 도심의 콘크리트 옹벽 등에 등반 보조재 설치 후 경관식재, 차폐식재
- 흡착근이 있어 모든 종류의 벽에 기어올라 간다.

노박덩굴

Celastrus orbiculatus Thunb.
낙엽활엽만경류/ 노박덩굴과/ 남사등(南蛇滕)

노박덩굴은 뱀처럼 생긴 등나무라는 의미를 가진다.

앞면

뒷면

잎 길이 5~10㎝, 너비 3~8㎝, 가장자리에 둔한 톱니가 있으며, 잎의 끝이 뾰족하게 나는 것이 특징적이다.

덩굴 왼쪽으로 감아 올라가며, 수피는 회색빛을 띠는 갈색이다.

꽃 5~6월, 노란빛을 띠는 녹색의 작은 꽃이 핀다.

열매 10월, 지름 8㎜이며, 노란빛을 띠는 빨간색으로 익는 열매는 매우 아름답다.

잎 어긋나기이며, 단풍은 노란색이다.

| 분포도 |

북부, 중부, 남부, 남해안지방

| 뿌리모양 |

근원직경 4cm의 노박덩굴 뿌리

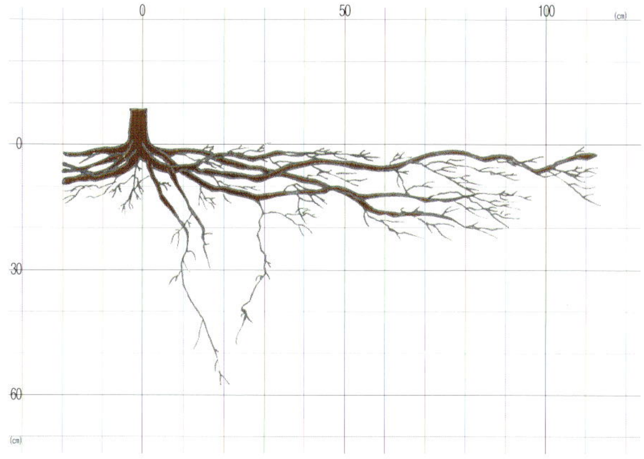

수직뿌리 천근성 **수평뿌리** 분산형 **잔뿌리** 적다

| 형태적 특성 |

연간신장 2m
총신장 10~12m
등반특성 감는덩굴

| 생태적 특성 |

내한성	강함	**내공해성**	보통
맹아력	보통	**내염성**	강함
음양성	중용수	**토성**	가리지 않음
이식	용이	**양분**	보통토
수분	가리지 않음	**생장속도**	매우 빠름

| 조경설계적 특성 |

• 법사면, 척박지, 황폐지 등 토양환경이 좋지 않은 곳에 경관식재로 좋다.

배식장소

• 건축물의 벽면, 담, 콘크리트 옹벽 등에 등반 보조재 설치 후 경관식재, 차폐식재
• 파고라 등의 녹음식재

노박덩굴의 특징

• 노박덩굴의 짙은 노란색의 열매와 짙은 노란색을 띠는 빨간색 종의로 싸인 종자는 서리가 내릴 때까지 달린다.

으름덩굴

Akebia quinata Decne.
낙엽활엽만경목/ 으름덩굴과/ 으름

열매모양이 바나나와 비슷하다고 해서 영명(英名)으로 Korean Banana이다.

앞면

뒷면

잎 새가지에서는 어긋나기이며, 늙은 가지에서는 모여나기, 소엽은 5개로 길이 3~6㎝이다.

덩굴 털이 없고 회색빛을 띠는 갈색이다.

꽃 4~5월, 한나무에서 수꽃과 암꽃이 옅은 빨간색으로 피며, 향기가 진하다.

열매 9월, 길이 6~10㎝로 10월에 검은빛을 띠는 갈색으로 익으며 껍질이 터지면서 안에 있는 속살을 먹을 수 있다.

| 분포도 |

중부, 남부, 남해안지방

| 뿌리모양 |

근원직경 1.5m, 신장 1m의 으름덩굴 뿌리

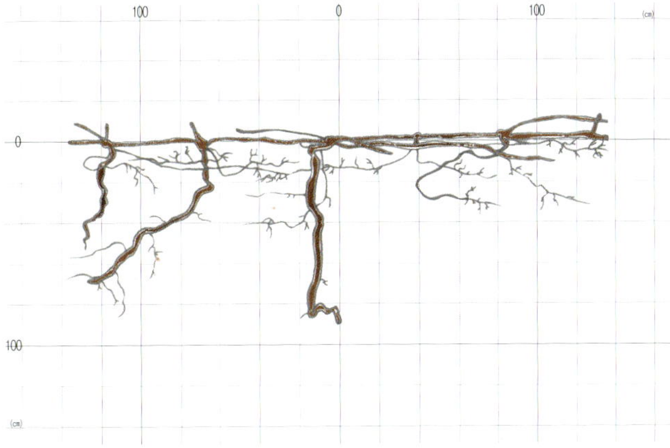

수직뿌리 천근성 **수평뿌리** 분산형 **잔뿌리** 적다

| 형태적 특성 |

연간신장 1m
총신장 5~10m
등반특성 감는덩굴

| 생태적 특성 |

내한성	보통	내공해성	보통
맹아력	강함	내염성	강함
음양성	중용수	토성	가리지 않음
이식	용이	양분	비옥토
수분	적윤지	생장속도	빠름

| 조경설계적 특성 |

• 잎, 꽃, 줄기, 단풍, 열매가 아름다워 벽면녹화용 경관수로 적합하다.

배식장소

• 건축물의 벽면에 녹화용으로 경관식재, 건축물 측벽 및 서향 벽의 온도저감식재, 경관식재
• 공원의 건축물 벽면 및 도심의 콘크리트 옹벽 등에 등반 보조재 설치 후 경관식재, 차폐식재
• 투시형 담장의 경관식재, 차폐식재

으름덩굴의 특징

• 손바닥처럼 생긴 5장의 잎이 독특하며 노란색 단풍이 아름답다.

08 특수식물

맹종죽

Phyllostachys pubescens Mazel
특수식물/ 벼과/ 죽순대/ 강남죽

왕대보다 크고 굵게 자란다.

앞면

뒷면

잎 길이 4~8㎝, 너비5~14㎜

지하경

죽순 4월 상순~5월 상순에 올라오며 식용이 가능하다.

줄기 마디가 1개 있으며, 줄기는 지름 20㎝ 정도 자란다.

잎 어긋나기이며, 사계절 푸르다.

| 분포도 |

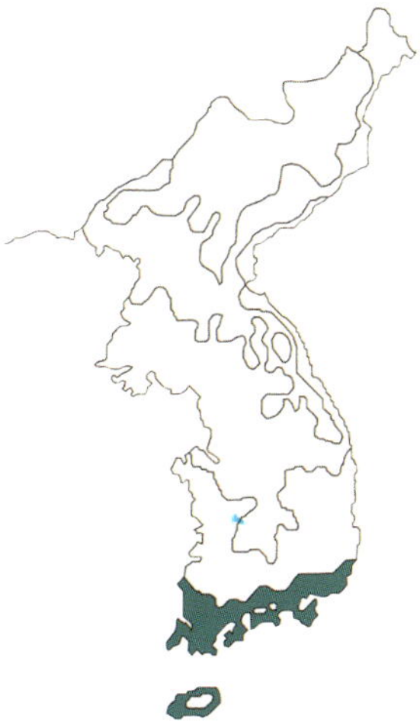

남해안지방

| 뿌리모양 |

근원직경 10㎝, 수고 8m의 맹종죽 뿌리

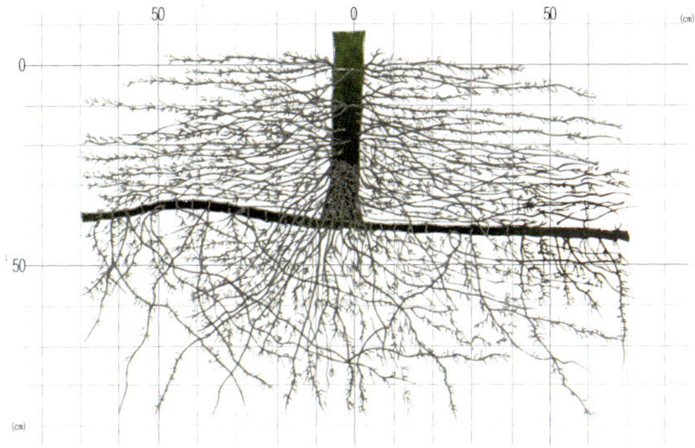

수직뿌리 심근성 **수평뿌리** 지하경 **잔뿌리** 많다

| 형태적 특성 |

성장 20m
수형 원주형

| 생태적 특성 |

내한성	매우 약함	**내염성**	강함
음양성	중용수	**토성**	가리지 않음
이식	용이	**양분**	비옥토
수분	적윤지	**생장속도**	매우 빠름
내공해성	강함		

| 조경설계적 특성 |

- 매우 크게 자라며, 건축물 북측의 방풍식재, 차폐식재로 많이 사용한다.

배식장소

- 건축물 후면의 배경식재 및 경계식재, 차폐식재, 건축물 측벽 및 서향 벽의 온도저감식재
- 공원 및 녹지의 경계식재, 콘크리트 옹벽의 차폐식재

맹종죽의 특징

- 왕대보다 섬세한 질감이며, 잎이 왕대보다 세밀하게 달려, 마치 새의 깃털처럼 보인다.
- 맹종죽은 재질이 물러서 죽(竹)제품으로 사용되지 않는다.

왕대

Phyllostachys bambusoides S. et Z.
특수식물/ 벼과/ 강죽

대나무는 절개와 지조를 상징하는 나무이다.

앞면

뒷면

잎 길이 10~20㎝, 너비 10~20㎜

지하경

죽순 5월 중순~6월 중순에 올라오며, 식용이 가능하다.

줄기 지름 5~15㎝이며, 마디에 2개의 원형 고리가 있는 것이 특징이며, 수피는 녹색 → 노란빛을 띠는 갈색으로 변한다.

잎 어긋나기이며, 사계절 푸르다.

| 분포도 |

남부, 남해안지방

| 뿌리모양 |

근원직경 5㎝, 수고 8m의 왕대 뿌리

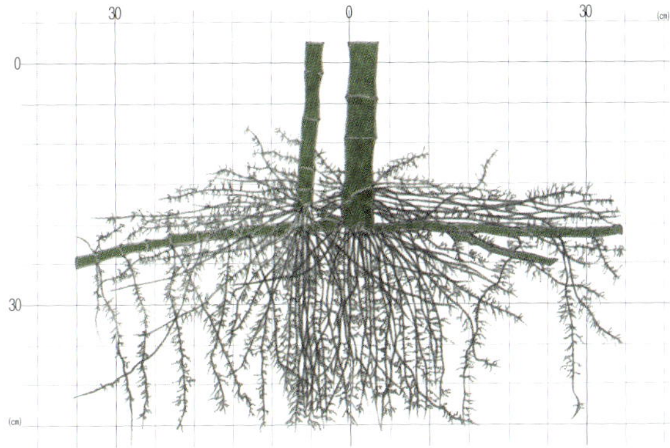

수직뿌리 중근성 **수평뿌리** 지하경 **잔뿌리** 매우 많다

| 형태적 특성 |

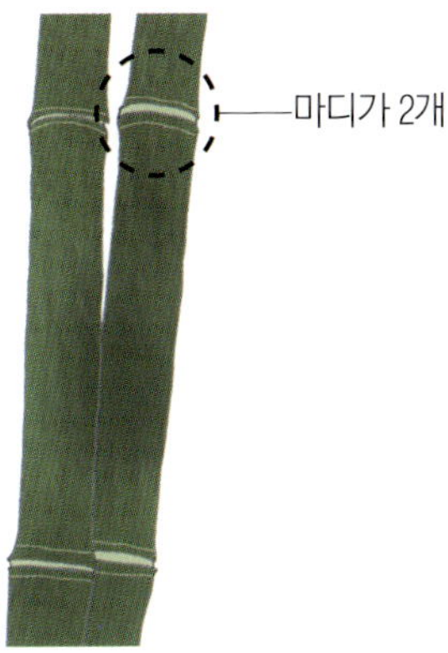

성장 10~20m
수형 원주형

| 생태적 특성 |

내한성	약함	**내염성**	약함
음양성	양수	**토성**	가리지 않음
이식	용이	**양분**	비옥토
수분	적윤지	**생장속도**	매우 빠름
내공해성	보통		

| 조경설계적 특성 |

• 대나무는 건축물 북측의 방풍식재, 차폐식재로 많이 사용한다.

배식장소

• 건축물 후면의 배경식재 및 경계식재, 차폐식재, 건축물 측벽 및 서향 벽의 온도저감식재
• 공원 및 녹지의 경계식재, 콘크리트 옹벽의 차폐식재

왕대의 특징

• 1년에 20m까지 자란다.
• 대나무는 1년에 신장 생장이 완료되며, 2~3년간에 견고해 진다.
• 3년생이 이식하기 가장 좋으며, 이식 후 충분한 시비가 필요하다.
• 전통조경수종으로 사용 가능하다.(지조와 절개의 상징)

솜대

Phyllostachys nigra var. *henonis* Stapf
특수식물/ 벼과/ 옥죽/ 담죽/ 백죽

어린줄기가 처음 나올 때 솜 같은 흰 가루가 덮여있는 것 같아 솜대이다.

앞면

뒷면

잎 길이 5~10㎝, 너비 8~12㎜, 잎의 뒷면이 흰빛을 띤다.

지하경

죽순 4월 하순~5월 하순에 올라오며, 식용이 가능하며 죽순의 껍질에 털이 많다.

줄기 지름 5~8㎝이며, 흰색의 가루가 줄기의 표면에 있다가 자라면서 점점 사라진다.

잎 어긋나기이며, 사계절 푸르다.

| 분포도 |

중부, 남부, 남해안지방

| 뿌리모양 |

근원직경 5㎝, 수고 9m의 솜대 뿌리

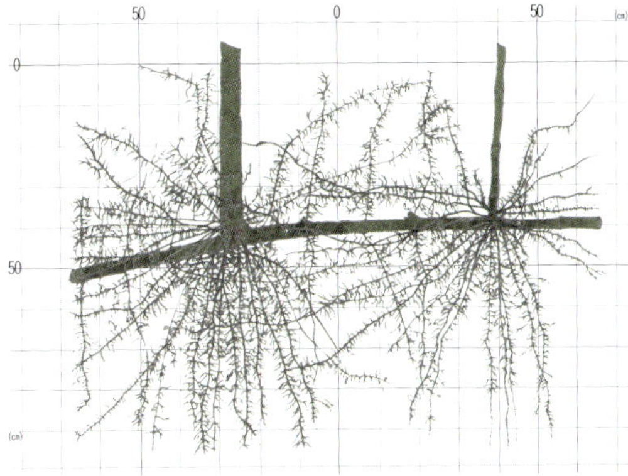

수직뿌리 천근성 **수평뿌리** 지하경 **잔뿌리** 많다

| 형태적 특성 |

성장 5–10m
수형 원주형

| 생태적 특성 |

내한성	보통	**내염성**	약함
음양성	양수	**토성**	사질양토
이식	보통	**양분**	비옥토
수분	적윤지	**생장속도**	매우 빠름
내공해성	보통		

| 조경설계적 특성 |

- 대나무류 중 왕대, 솜대, 맹종죽이 매우 크게 자라기에 건축물 북측의 방풍식재, 차폐식재로 좋다.

배식장소

- 건축물 후면의 배경식재 및 경계식재, 차폐식재, 건축물 측벽 및 서향 벽의 온도저감식재
- 공원 및 녹지의 경계식재, 콘크리트 옹벽의 차폐식재

솜대의 특징

- 줄기의 굵기는 맹종죽 〉 왕대 〉 솜대 이다.
- 내한성은 솜대 〉 왕대 〉 맹종죽이다.
- 줄기의 마디는 왕대, 솜대는 2개, 맹종죽은 1개이다.
- 전통조경수종으로 사용 가능하다.(지조와 절개 상징)

오죽

Phyllostachys nigra (Lodd.) Munro
특수식물/ 벼과/ 자죽/ 흑죽

줄기가 검은색 이라 오죽(烏竹)이라 불린다.

앞면

뒷면

잎 길이 6~10cm, 너비 10~15mm, 가지 끝에 1~5개(보통 2~3개) 씩 붙는다.

지하경

죽순 4~5월에 올라온다.

줄기 지름 1~3cm이며, 검은색이다.

잎 어긋나기이며, 사계절 푸르다.

| 분포도 |

중부이남 남해안지방

| 뿌리모양 |

근원직경 3~4㎝, 수고 6m의 오죽 뿌리

수직뿌리 천근성 **수평뿌리** 지하경 **잔뿌리** 보통

| 형태적 특성 |

성장 10m
수형 원주형

| 생태적 특성 |

내한성	약함	내염성	강함
음양성	양수	토성	사질양토
이식	용이	양분	비옥토
수분	적윤지	생장속도	매우 빠름
내공해성	보통		

| 조경설계적 특성 |

• 예로부터 남부지방 양반집의 경관수로 사용하였다.

배식장소

• 건축물 측벽의 초점식재, 건축물 주변 녹지의 경계식재, 경관식재
• 공원 및 녹지의 경계식재, 초점식재, 경관식재, 콘크리트 옹벽의 차폐식재

오죽의 특징

• 내한성은 약하나 동해안은 속초까지, 서해안은 충청도까지 월동이 가능하다.
• 오죽은 죽순이 나온 직후에는 줄기가 녹색이지만, 가을에서 겨울을 거치는 동안 멜라닌 색소가 많아져 줄기의 색깔이 검은색으로 변한다.
• 전통조경수종으로 사용 가능하다.(지조와 절개 상징)

조릿대

Sasa borealis (Hack.) Mak.
특수식물/ 벼과/ 산죽

산에서 자란다고 '산죽(山竹)'이라고 부르기도 한다.

앞면

뒷면

잎 길이 10~25㎝, 너비 3~4㎝

꽃 4월, 암술수술한꽃

잎 어긋나기이며, 사계절 푸르다.

제주조릿대 잎 길이 7~20㎝, 너비 1.5~2㎝, 잎 주위에 흰색의 줄무늬가 있으며, 우리나라 특산수종이다.

| 분포도 |

북부, 중부, 남부, 남해안지방

| 뿌리모양 |

근원직경 0.5~0.7㎝, 뿌리 최고 깊이 1.2m, 수고 1.2m의 조릿대 뿌리

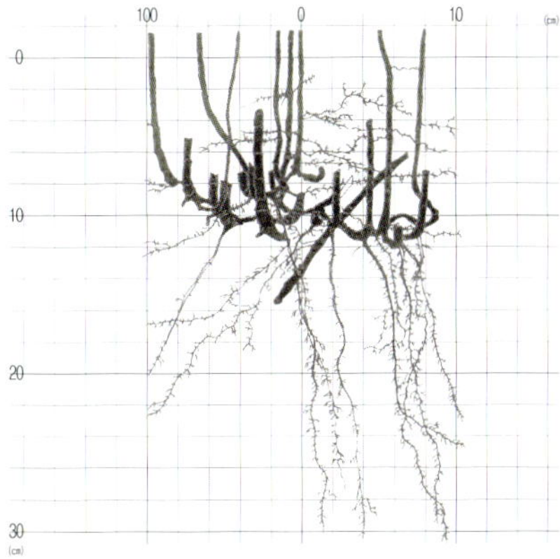

수직뿌리 천근성 **뿌리형태** 지하경 **잔뿌리** 많다

| 형태적 특성 |

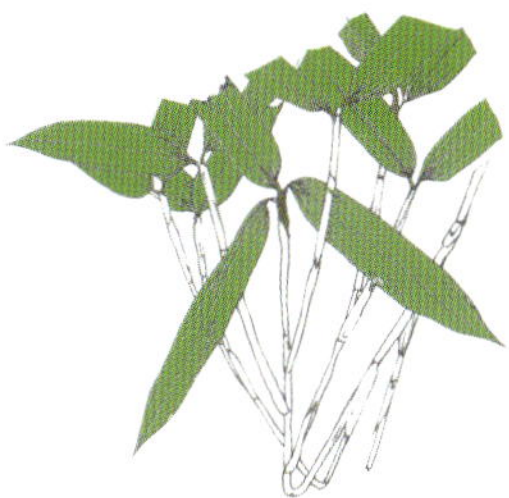

성장 1~2m
수형 포복형

| 생태적 특성 |

내한성	강함	**내염성**	보통
음양성	음수	**토성**	가리지 않음
이식	보통	**양분**	비옥토
수분	적윤지	**생장속도**	매우 빠름
내공해성	보통		

| 조경설계적 특성 |

- 전통담장 및 교목의 하부 경관수로 적합하다.

배식장소

- 교목 하부 수하식재, 경계식재
- 공원 및 녹지의 경계 부분의 주연부식재

조릿대의 특징

- 지하경의 번식력이 매우 좋기 때문에 수목의 하부에 수하식재 할 경우 교목의 뿌리에 피해를 줄 수 있기에, 방근대책을 세워야 한다.
- 조릿대는 4~5년 주기로 꽃이 핀 후 지상부가 죽는다.
- 대나무류는 60년~100년에 한 번 꽃이 피며, 꽃이 핀 후 지상부는 고사한다.

소철

Cycas revoluta Thunb.
특수식물/ 소철과/ 철수/ 피화초/ 풍미초

소철은 살아있는 화석 나무이다.

잎 1회 우상복엽으로 길이 50~100㎝, 소엽은 100개 이상이며, 사계절 푸르다.

수피 잎자국으로 둘러싸여 자란다.

꽃 6~7월, 암수딴몸으로 암꽃은 원줄기 끝에 둥글게 모여나고, 수꽃은 원줄기 끝에 달린다.

열매 10월, 빨간빛을 띠는 갈색의 열매가 특이하며 열매는 식용이 가능하다.

| 분포도 |

남해안지방

| 뿌리모양 |

수령 30년생, 근원직경 32㎝, 수고 1.5m의 소철 뿌리

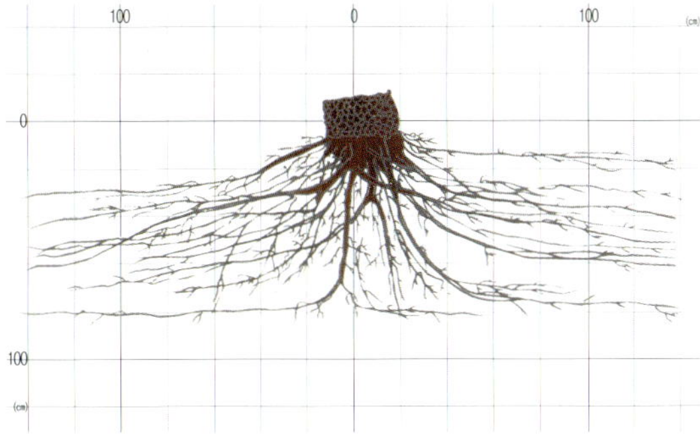

수직뿌리 천근성 **수평뿌리** 집중형 **잔뿌리** 적다

| 형태적 특성 |

성장 1~4m
수형 우산형

| 생태적 특성 |

내한성	매우 약함	**내공해성**	강함
맹아력	약함	**내염성**	강함
음양성	양수	**토성**	사질양토
이식	용이	**양분**	보통토
수분	건조지	**생장속도**	매우 느림

| 조경설계적 특성 |

• 남해안지방에서 이국적인 경관을 조성하고자 할 때 경관수로 사용한다.

배식장소

• 남해안지방에서 건축물 주변, 공원, 녹지 등에 특색있는 경관을 만들기 위한 경관식재

소철의 특징

• 부산 등 남해안지방에서는 겨울철 월동(越冬) 관리가 필요하다.
• 소철의 잎은 매년 새로 자라며, 굵은 줄기일수록 잎이 많이 나온다.

유카

Yucca gloriosa L.
특수식물/ 용설란과

유카류는 덥고 건조한 북아메리카, 중앙아메리카가 원산지이다.

줄기 1~2m 높이로 자라지만, 밑부분이 옆으로 휘어지기도 한다.

꽃 5~12월, 꽃대가 1~2m 높이로 올라오며, 흰색의 종 모양의 꽃이 길게 달려 매우 아름답다.

잎 길이 60~75cm, 너비 5cm, 잎 끝부분에 날카로운 침이 있다. 사계절 푸르다.

| 분포도 |

남해안지방

| 뿌리모양 |

수령 10년생, 근원직경 10㎝, 수고 1.5m의 유카 뿌리

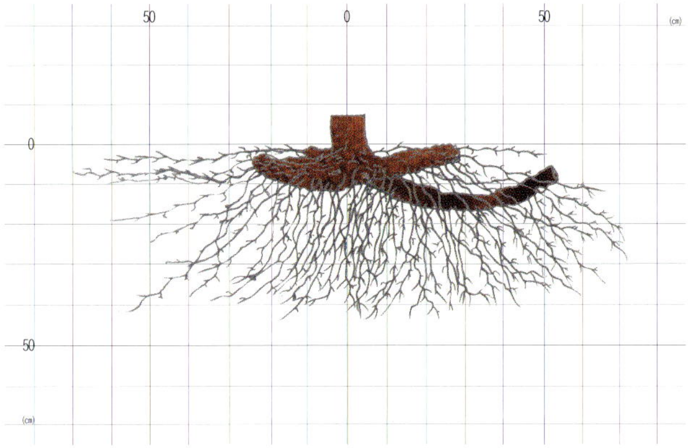

수직뿌리 천근성 **수평뿌리** 집중형 **잔뿌리** 적다

| 형태적 특성 |

성장 1~2.5m
수형 원주형

| 생태적 특성 |

내한성	매우 약함	**내공해성**	강함
맹아력	보통	**내염성**	강함
음양성	양수	**토성**	사질양토, 사토
이식	용이	**양분**	척박토
수분	건조지	**생장속도**	빠름

| 조경설계적 특성 |

- 남해안지방에서 이국적인 경관을 조성하고자 할 때 경관수로 사용한다.

배식장소

- 남해안지방에서 건축물 주변, 공원, 녹지 등에 특색있는 경관을 만들기 위한 경관식재

유카의 특징

- 칼처럼 생긴 잎들이 가지 아래부터 빽빽하게 돌려난 모습이 매우 이색적이다.

일러두기

1. 삽화(揷畵)

분포도의 삽화

김성수,『한국의 조경수목』, 기문당, 2007.
김용식 외 6인,『한국조경수목핸드북조경수목학』, 도서출판광일문화사, 2013.
대한주택공사,『조경수목도감』, 기문당, 1998.
이정석 외 2인,『새로운 한국수목대백과 도감 상,하』, 학습정보센터, 2010.
한국종합조경공사,『조경용소재도감』, 한보문화인쇄사, 1997.
이상의 문헌을 참고하여 제작하였다.

용어 해설 수형의 삽화

Wang 외 1인,『Plan and section drawing』, Van Nostrand Reinhold Company, 1979.
위 문헌의 수형 삽도를 모사하여 편집하였다.

나무뿌리의 삽화

苅住昇,『樹木根系圖說』, 誠文堂新光社, 1978.
위 문헌의 뿌리의 삽도를 모사하여 편집하였다.
나무뿌리 중 아래의 나무는 나무뿌리 그림과 나무 이름이 다른 수종이다.
쉬땅나무(뿌리그림은 좀쉬땅나무), 박태기나무(뿌리그림은 캐나다박태기 나무), 히어리(뿌리그림은 드문히어리), 개나리(뿌리그림은 당개나리), 양버즘나무(뿌리그림은 버즘나무), 고광나무(뿌리그림은 일본고광나무), 많첩빈도리(뿌리그림은 빈도리)

형태적 특성의 삽화

김용식 외 6인,『한국조경수목핸드북조경수목학』, 도서출판광일문화사, 2013.
심경구 외 11인,『조경수목학』, 문운당, 1996.
위 문헌의 삽도를 모사하여 편집하였다.

2. 전통조경수종

이선(2006)은 전통조경 식물의 정의를 '첫째, 이 땅의 자연환경에 적응하여 스스로 살 수 있는 식물이어야 한다. 둘째, 그 식물이 무언가 의미 있는 것이어야 한다'. 라하고 전통조경수종을 '소나무, 매화, 국화, 대나무, 버드나무, 복숭아나무, 은행나무, 연, 회화나무, 배롱나무, 모란, 작약, 향나무, 벽오동, 치자나무, 귤나무. 앵두나무, 석류나무, 파초, 띠[11], 로 선정하였다.

'괴(槐)'는 회화나무와 느티나무를 뜻한다. 우리나라에서는 시간과 장소에 따라 '괴'가 느티나무 뜻이기도 하고 회화나무를 의미하기도 한다[12]

'행(杏)'은 살구나무 꽃이다. 그러나 행단(杏亶)이라 할 때 '행(杏)'자가 살구나무인지 은행나무인 의견이 분분하다[13].

'백(柏, 栢)'은 측백나무와 잣나무로 풀이했다. 우리 고문헌에 나오는 '백'은 잣나무로 보는 것이 타당 할 것이다. 그렇지만 이것 또한 모든 경우에 정확히 들어맞는다고 단언할 수 없는 실정이다[14]

이 책에서는 이상의 **'백(柏, 栢)'**, **'괴(槐)'**, **'행(杏)'**을 뜻하는 나무를 모두 전통조경수종으로 간주 한다.

정재훈(2005)은 「삼국사기(三國史記)」와 「삼국유사(三國遺事)」에 기록된 우리 옛 조원의 수목은 괴(槐:느티나무와 회화나무), 유(柳:버드나무), 이(梨:배나무), 백(柏:잣나무), 모란, 도리(桃李:복숭아꽃과 오얏꽃:자두), 송(松:소나무), 죽(竹:대나무), 산수유, 연(蓮), 척촉(躑躅:철쭉꽃), 다(茶:차나무), 인삼(人蔘), 행(杏:은행나무와 살구나무), 상(桑:뽕나무), 단목(檀木:박달나무) 이다.

고려시대나 조선시대를 내려오면서 조원 속에 심었던 화목으로 「고려사(高麗史)」, 「동국이상국집(東國李相國集)」, 「파한집(破閑集)」, 「보한집(補閑集)」과 조선시대의 「산림경제(山林經濟)」, 「양화소록(養花小錄)」, 「임원십육지(林園十六志)」 등에 나오는 것 중 중요한 화목은 난(蘭), 석류, 자미(紫薇:배롱나무), 근화(槿花:무궁화), 작약, 벽오동, 치자, 동백, 대추나무, 모과나무, 단풍나무, 앵두나무, 음나무, 주목, 밤나무, 향나무 이다.

〈강희안의 화암수록(花庵隨錄)의 화목구등품제(花木九等品第)〉
1등은 높은 풍치와 뛰어난 운치를 취하여 매화, 국화, 연꽃, 대나무
2등은 부와 귀를 취하여 모란, 작약, 파초, 왜철쭉, 해류
3등은 운치를 위하여 치자, 동백, 사계화, 종려, 만년송
4등은 역시 운취를 취하여 화리, 소척, 서양화, 포도, 귤
5등은 번화한 것을 취하여 석류, 도화, 해당화, 장미, 수양버들
6등은 역시 번화한 것으로 두견(진달래), 살구, 백일홍, 감, 오동
7등은 각각의 장점을 취하여 배, 정향, 목련, 앵두, 단풍

8등은 각각의 장점을 취하여 목근(무궁화), 석죽(패랭이꽃), 옥잠화, 봉선화, 두충

9등은 각각의 장점을 취하여 해바라기, 천추라, 금잔화, 석창포, 화양목[15]

위의 문헌에서 전통조경수종이라 규정한 수목들을 이 책에서는 '전통조경가능수종'이라 명명하였다.

전통조경수종의 상징성 및 의미

소나무 : 절개와 지조의 상징

매화 : 심미적 대상으로 선비정신, 불굴의 지조

대나무 : 지조와 절개의 상징

버드나무 : 강인한 생명력, 봄을 상징, 섬세한 아름다움을 지닌 여인을 상징

복숭아나무 : 귀신을 쫓는 벽사의 상징

은행나무 : 학문의 상징, 끈질긴 생명력과 상수를 상징

회화나무 : 학자수, 위엄과 품위를 상징

배롱나무 : 부귀와 영화를 상징하며 주택, 사찰, 원림, 묘지주변 식재

모란 : 부귀, 영예, 가장 뛰어난 자, 미인, 애정을 상징

향나무 : 제례공간에 더러운 것을 맑게하는 청정을 상징하며 궁궐, 사찰, 묘지주변 식재

벽오동 : 봉황이 깃드는 길상의 나무, 귀족적 선비의 나무를 상징하며 서당과 서재에 식재

치자나무 : 『양화소록』에서 네 가지의 아름다운점이 있다.
첫째, 꽃 색깔이 희고 기름진 것, 둘째, 꽃향기가 맑고 풍부한 것, 셋째, 겨울에도 잎이 변하지 않는 것, 네째, 열매로 황색 물을 드리는 것

앵두 : 궁궐과 민가에서 즐긴 열매

석류 : '다산', '자손번영'의 상징으로 결혼식 축연에 사용

전통조경수종의 상징성 및 의미는 아래 문헌의 내용을 따랐다.

이선, 『우리와 함께살아온 나무와 꽃-한국전통조경식재』, 수류산방, 2006.

정재훈, 『한국전통조경』: 도서출판조경, 2005.

강판권,『역사와 문화로 읽는 나무사전』, 글항아리, 2010.

3.환경정화수

환경정화수는 환경처(1998)의 『환경정화수 권장수종』을 따랐다.

4.미주

1) 강판권,『역사와 문화로 읽는 나무사전』: p685, 글항아리, 2010.
2) 이선,『우리와 함께살아온 나무와 꽃-한국전통조경식재』:p598, 수류산방, 2006.
3) 이선, 앞의 책, p661.
4) 강판권, 앞의 책, p253.
5) 강판권, 앞의 책, p351~352.
6) 강판권, 앞의 책, p772.
7) 강판권, 앞의 책, p1035.
8) 이선, 앞의 책, p624~626.
9) 이선, 앞의 책, p637~639.
10) 강판권, 앞의 책, p979.
11) 이선, 앞의 책, p586~587.
12) 이선, 앞의 책, p659~660.
13) 이선, 앞의 책, p661~662.
14) 이선, 앞의 책, p663~667.
15) 정재훈,『한국전통조경』: p460~467, 도서출판조경, 2005.

5.학명

국가생물종자지식정보시스템(http://www.nature.go.kr)

참고문헌

단행본

강판권, 『역사와 문화로 읽는 나무사전』, 글항아리, 2010.
강희안 지음/ 서윤휘 외 1인 옮김, 『양화소록』, 눌와, 1999.
김성수, 『한국의 조경수목』, 기문당, 2007.
김옥임 외 2인, 『식물비교도감』, 현암사, 2009.
김용식 외 6인, 『한국조경수목핸드북조경수목학』, 도서출판광일문화사, 2013.
대한주택공사, 『조경수목도감』, 기문당, 1998.
문석기 외 5인, 『조경설계요람』, 도서출판조경, 1998.
민경우, 『디자인의 이해』, 미진사, 1995.
심경구 외 11인, 『조경수목학』, 문운당, 1996.
이선, 『우리와 함께살아온 나무와 꽃－한국전통조경식재』, 수류산방, 2006.
이영노, 『원색한국식물도감』, 교학사, 2002.
이정석 외 2인, 『새로운 한국수목대백과 도감 상,하』, 학습정보센터, 2010.
이창복, 『원색대한식물도감 상,하』, 향문사, 2003.
정재훈, 『한국전통조경』, 도서출판조경, 2005.
한국조경학회, 『조경설계론』, 기문당, 1999.
한국종합조경공사, 『조경용소재도감』, 한보문화인쇄사, 1997.
NPO법인 옥상개발연구회 입면녹화실무팀 지음/ 조창건, 『친환경 도시를 위한 입면녹화 메뉴얼』, 도서출판조경, 2012.

국외자료

苅住昇, 『樹木根系圖說』, 誠文堂新光社, 1978.
北村四郎, 村田 源, 『原色日本植物圖鑑』, 木本編[Ⅰ],[Ⅱ], 保育社, 1982.
Wang 외 1인, 『Plan and section drawing』, Van Nostrand Reinhold Company, 1979.

정부간행물

국토교통부고시 제2015－787호, 『조경기준』, 2015.
환경처, 『환경정화수 권장수종』, 1998.

기타 자료

http://www.daum.net

http://www.naver.com

http://www.me.go.kr

http://www.molit.go.kr

찾아보기

국명

학명

저자소개

차욱진 **조경기술사, 문화재수리기술자(조경), 나무의사**

부산에서 태어나 동국대학교 문리과대학 환경조경학과를 졸업한 뒤 홍익대학교 환경대학원 환경설계학과에서 조경설계를 전공하고, 동아대학교 공과대학 도시계획 · 조경학과에서 공학박사 박사학위를 받았다.

주요작품으로는『부산 송상현광장 현상설계 공모』당선,『부산 서면 동천로 대중교통전용지구 현상설계 공모』당선,『원도심 국가 임시수도 상징거리 공모』당선 및『일본국 후쿠오카시 한국정원』,『중국 중경시 국제원림박람회 부산정원』등 다수가 있다.

현재는 동아대학교 디자인환경대학 조경학과 교수로 재직중이다.

남정칠

경남 진주에서 태어나 경상대학교 농과대학 임학과를 졸업한 뒤 동국대학교 대학원 임학과에서 농학석사학위와 농학박사학위를 받았다. 현재 동아대학교 디자인환경대학 조경학과 교수로 재직 중이며, 부산광역시 교육청 설계자문위원, 학교조경 자문위원, 한국임학회 회원, 한국조경학회 이사, 한국환경영향평가학회 회원으로 활동하고 있다. 저서로서는『조경수목학』(공저),『조경관리학』(공저),『신 조경관리학』(공저),『오륙도의 식물』(공저),『바다와 숲의 이야기』(공저),『수목비교도감』(공저) 등이 있으며, 논문으로는 승학산 식생의 생태적 특성 및 관리방안 외 60여편이 있다.

차민성

경상국립대학교 건설환경공과대학 조경학과(구.국립경남과학기술대학교)를 졸업한 뒤 한국예술종합학교 건축학 전문사를 졸업하였다.

이 책의 표지 디자인, 간지 디자인 및 책에 수록된 삽화와 일러스트를 담당하였다.

수정판 조경설계수목도감

초판인쇄 | 2018년 2월 22일
개정발행 | 2025년 6월 20일

저　　자 | 차욱진 · 남정칠 · 차민성

발 행 인 | 이성범
발 행 처 | 문운당
주　　소 | 서울시 종로구 혜화로5길 16 (명륜1가 45-3)
전　　화 | (02) 762-6010
팩　　스 | 영업(02) 745-0265 / 편집 (02) 762-8758
이 메 일 | 영업 munun2@daum.net
편집 munundang@naver.com
홈페이지 | http://munundang.co.kr

ISBN 979-11-5692-692-4 93520

정가 36,000원